# [図解] 統計がわかる本

山本誠志 [著]

Gakken

# はじめに

統計は、本来ならば、大量のデータを分析するための道具です。でも、実際にそのような目的で〝まじめに〟統計を使っている人は、一部の研究者や専門家だけです。普通の人は、平均値を自力で計算する機会すらほとんどないでしょう。

一方で、私たちの身の回りにはさまざまな統計があふれています。普通に社会生活を送っているだけで、テレビや雑誌、ウェブなどのメディアから、嫌でも「統計」が目に飛び込んできます。それらの統計は、ほとんどが「他人を説得するための道具」として使われているものです。

「私の意見は正しい！　その証拠がこの統計である！」

彼らはこのように主張しているのです。

研究者でも専門家でもない、普通の人にとって、統計は「コミュニケーション（説得）の道具」です。他人を説得するために使うものです。したがって、そこで提示する統計は「誰もが納得できるわかりやすいもの」でないといけません。実際、私たちが日常的に見かける統計には、難しい統計用語が登場しないでしょう？　相手に伝わらなければ意味がないからです。「コミュニケーションの道具」としての統計を使いこなすためには、難しい知識は必要ありません。むしろ、誰も知らない難しい知識を使ってはいけません。誰もが知っている易しい用語を自由自在に使いこなし、相手を翻弄する。それが「統計」を使いこなすための極意です。

逆に言うと、「相手がいかにもわかりやすい統計を持ちだしてきたときは、こちらを説得しようと必死になっている証拠」と捉えることができます。統計を持ち出すような人は基本的に胡散臭いのです。そんな連中に騙されないためにも、きちんとした統計のノウハウを身につけておく必要があります。

くどいようですが、統計の難しい知識を覚える必要ありません。ですから本書には、統計学の難しい用語はほとんど登場しません。大事なのは統計の「考え方」です。ぜひ本書を読んで、コミュニケーションに役立つ「考え方」のエッセンスを学んでください。

山本誠志

# 【図解】統計がわかる本　目次



## Part 1 なぜ統計が必要なのか？

## Part 2 統計の歴史

# Part 3 統計の基本用語

## Part 4
# 統計の「作り方」



## Part 5
# 統計にダマされない！

## Part 6 ビジネスに生かす統計

# Part 1

# なぜ統計が必要なのか？

Part 1
01

# 集団の傾向や性質を調べ、明らかにする 統計とは何か？

最初に、「統計」とは何かを、ざっくり考えましょう。読者の多くは、中学生や高校生のときに、統計の基礎を勉強したはずです。皆さんは、学校で統計についてどんなことを学んだか、覚えているでしょうか？

中には、「数学全体が苦手だったので、当然、統計の内容もまったく覚えていない」という人がいるかもしれません。人には必ず得手不得手がありますから、数学が苦手だったとしても恥じることはないでしょう。むしろ、数学が苦手だったにも関わらず、『統計がわかる本』などというタイトルの書籍を手に取ったのですから、素晴らしい心意気です。

「苦手だったから内容も覚えていない」ということであれば、ある意味、理屈が通っています。ところが不思議なことに、「数学がバリバリに得意だったにも関わらず、統計だけはよくわからなかった」という人も意外と多いようです。これは、どうしたことでしょうか。

そういう人たちは、統計が難しくて理解できなかったわけではなく、おそらくほかに理由があったのでしょう。大学入試では統計の問題がほとんど出題されないので、勉強する必要がなかった——という人もいるでしょう。あるいは、

統計はあいまいで
美しくない
（難しいわけではない）
統計は難しいから
わかりにくいの？

## 「数学は得意なのに統計は苦手」という人も多い。

「（他の数学と違って）統計は美しくない」という理由から、勉強する意欲がわかなかったのかもしれません。

いま「統計は美しくない」と書きましたが、これには少し説明が必要です。

数学という学問は、原則として妄想の世界で成り立っています。例えば「直線」は、数学的に幅が存在しない、無限にまっすぐ続く線と定義されますが、現実世界には「数学的な定義どおりの直線」は決して存在しません。どんなに細い線を描いても必ず幅は存在します。無限に続く線を描くことも、完璧にまっすぐな線を描くことも不可能です。完全な直線は、妄想の世界だけに存在します。

数学は、妄想の上に成立しているからこそ、いくらでも美しい世界を構築できるのです。

しかし、「誰もが好き勝手に何を妄想してもよい」という状態だと、学問が成立しません。したがって、学術上のコミュニケーションを円滑に進めるためにも、数学用語には必ず厳密な定義が存在します。

ところが「統計」は、一般的な数学のジャンルとは違って、厳密な定義が存在しません。会話の中で「統計をとる」と言ったとき、具体的に何を意味するのかは状況によって変わります。アンケート結果をグラフに表わすことを「統計をとる」と表現することもあれば、データの平均値を求めることを「統計をとる」と表現することもあります。ほかにも、いろんな意味で「統計」という言葉が使われます。

なぜなら統計は、他の数学のジャンルとは違って、現実世界で成立している学問だからです。

現実世界に根付く統計は、「具体的にイメージしやすい」という点が長所にもなりますが、逆に「現実世界特有のあいまいさが残る」という点が短所にもなります。この短所が、数学が得意な人から見ると「統計は美しくない」という感想につながるのかもしれません。

前置きが長くなってしまいましたが、結局、統計とは何でしょうか?

数学の世界で定義されていないのであれば、国語辞典を調べてみましょう。国語辞典(『広辞苑』)の「統計」の項には、次のように述べられています。

> 集団における個々の要素の分布を調べ、その集団の傾向・性質などを数量的に統一的に明らかにすること。また、その結果として得られた数値。

――どうでしょう。かなり簡潔にまとめられ

対象が集団の場合、
統計を使うことで全体の
傾向が明らかになる。

対象が１つなら、
そのものズバリを
観察することで特徴がわかる。

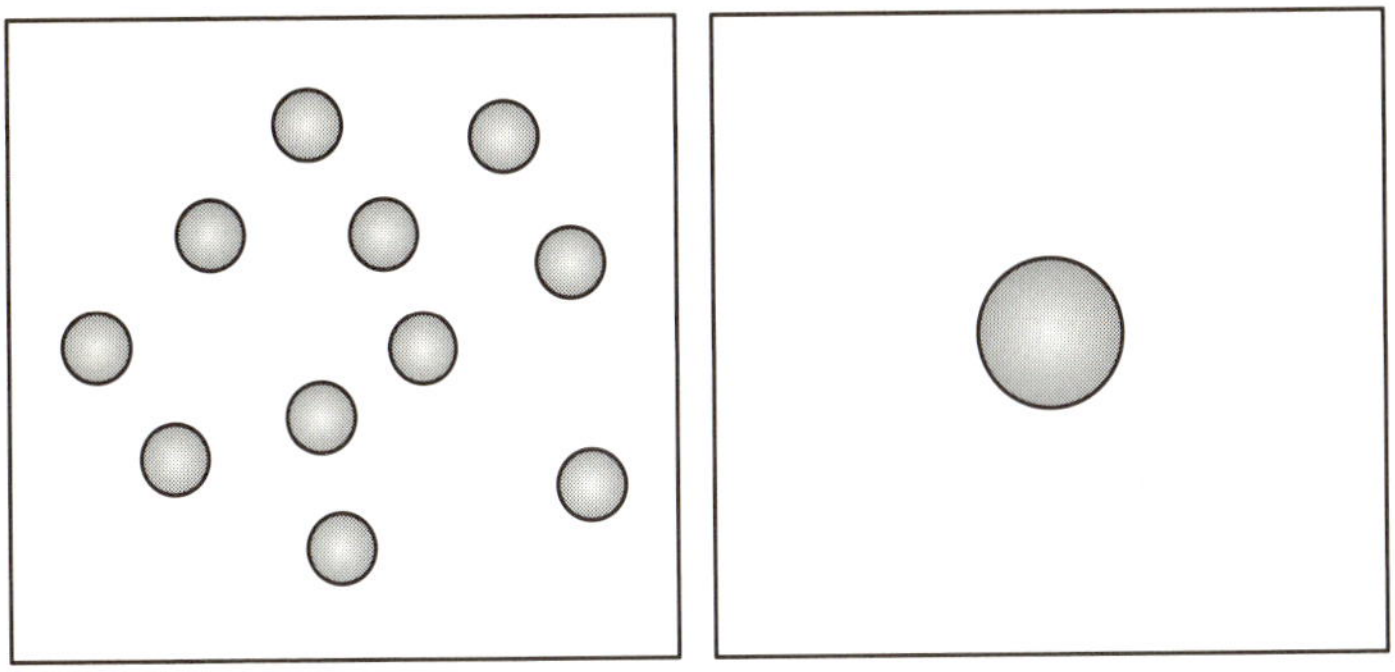

## 統計を使えば「集団」の傾向や性質がわかる。

た説明ですが、少しわかりにくいでしょうか？

この説明の中に「**集団**」という言葉が出ています。これが統計を考える上では重要です。

調べる対象がたったひとつしかない場合、統計は使いません。対象がひとつであれば、それを直接見ることで性質も特徴もわかります。統計という大道具を持ち出す必要がありません。

**数の多い集団の場合、ぱっと見ただけでは傾向や特徴がわかりにくいことがあります。そういうときに統計の出番です。**まず個々の要素を調べ、そこに統計を適用することによって「この集団にはこんな傾向・性質がある」という結論を導いてくれるのです。

昔から「木を見て森を見ず」という言葉がありますが、統計はさしずめ「木々を見ることによって森全体の特徴を調べること」と言えるでしょう。

Part 1 02

# 統計をとる手順

## 対象を明確にしてから調査・分析へ

ここでは、統計を使う際の一般的なプロセス（手順）を紹介しましょう。

**ステップ① 対象とする集団を決定する**

統計とは、集団の傾向や性質を調べることです。ですから、最初に「どの集団を調べたいのか」を決めないと、話は進みません。ここで決めた集団のことを特に「母集団」と呼びます。

**ステップ② 個々の要素を調査する**

ここでいう「個々の要素」とは、もちろん①で決めた母集団に属することが必要です。「3年生の国語の学力を知りたい」と考えているときに、4年生にテストを実施することはありません。一般に「データをとる」というときには、このステップのことを指します。

**ステップ③ 調査結果を分析する**

「分析」といっても、おおげさな統計解析をするとは限りません。「調査結果をグラフに表わす」、「平均値を算出する」といった程度でも、りっぱな「分析」です。

**ステップ④ 集団の傾向・性質を結論づける**

ステップ③で導き出した分析結果にもとづいて、集団の傾向・性質を考察します。結果として集団の傾向や性質がまったくつかめないこともあるでしょうが、「対象の母集団にはこれと

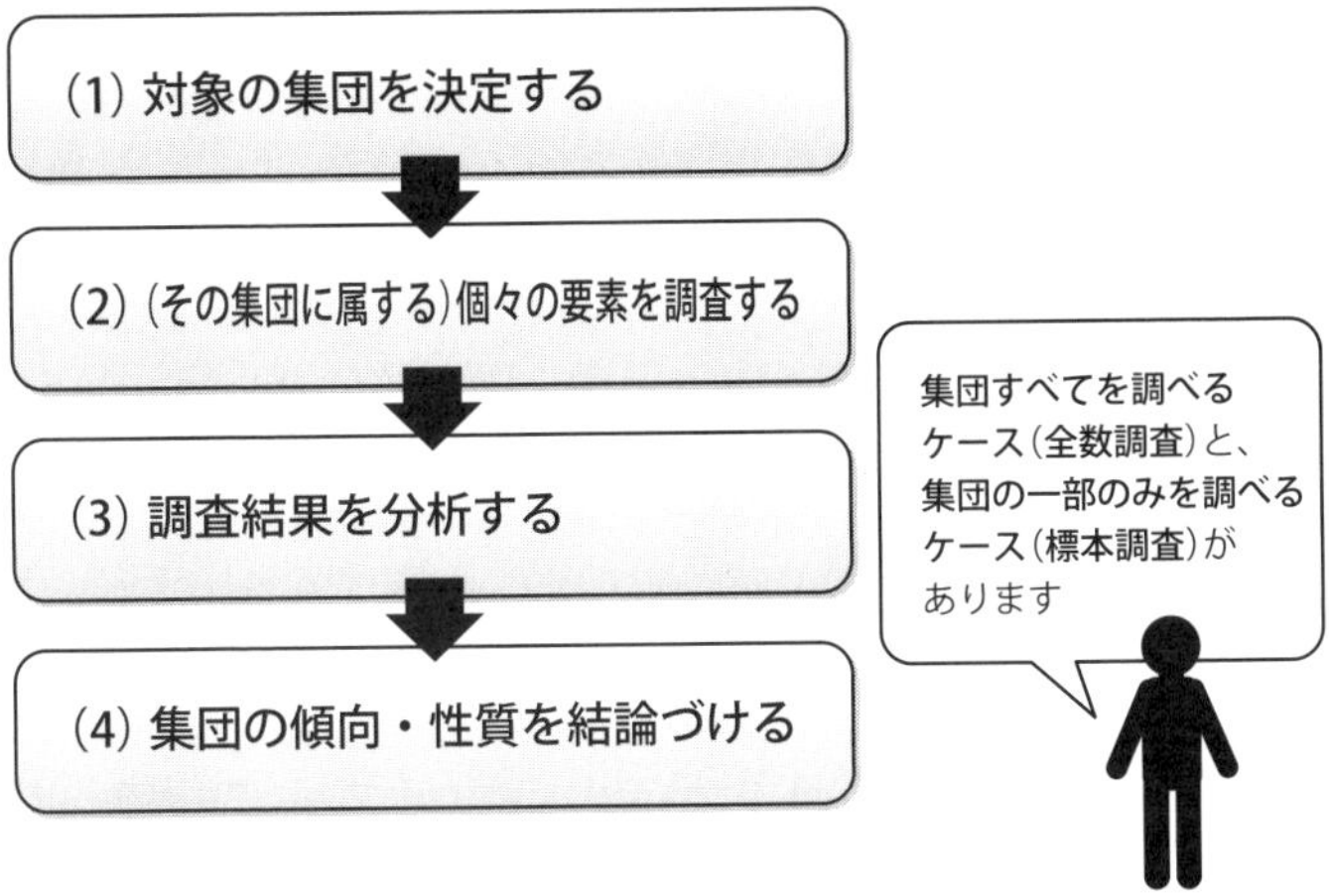
(1) 対象の集団を決定する
(2) (その集団に属する)個々の要素を調査する
(3) 調査結果を分析する
(4) 集団の傾向・性質を結論づける
集団すべてを調べるケース(全数調査)と、集団の一部のみを調べるケース(標本調査)があります

## 4つの手順で集団の特徴を調べよう！

いった傾向が見受けられなかった」というのもりっぱな結論のひとつです。

ここでひとつだけ注意があります。ステップ②で「個々の要素を調査する」と述べましたが、「調査対象の数」には言及しませんでした。統計をとる際には、集団すべてを調査するケースもあれば、集団の一部のみを調査するケースもあるのです。

集団すべてを調査するケースを「全数調査」、集団の一部のみを調査するケースを「標本調査」といいます。標本調査を行なう場合は、「調査対象となる要素を、集団（母集団）からどうやって選ぶか」という問題が発生しますので、手順が少し増えることになります。ただし、標本調査の場合は調べる数そのものが少ないはずですから、トータルの手間は（全数調査より）標本調査のほうがずっと楽でしょう。

Part 1 03

# 集団すべてを調べるか、一部のメンツで代表させるか
# 全数調査と標本調査

統計の手法は、大きく2種類に分けられます。母集団のすべてを調査対象とする「**全数調査**」と、母集団の一部分だけを調査対象とする「**標本調査**」です。

標本調査を行なう場合、調査対象の選び方が肝《きも》となります。「母集団全体の特徴をうまく盛り込んだメンツ」を選ばなければなりません。例えば、全国の小学生の計算能力を知りたいときに、そろばん教室の生徒ばかり選んで「標本調査」を行なっても、実態とはかけ離れた統計が現れてしまうでしょう。

標本調査では、調査対象となるメンツの選び方によって、まったく違う結果が出るおそれがあります。標本調査は、正確性の面で全数調査より明らかに劣るのです。

歴史的な経緯を見ていくと、初期の統計（学）では全数調査だけを扱っていました。そこから少しずつ統計の理論が発展し、ずっと後の時代に標本調査の考え方が生まれたのです（統計の歴史については第2章で詳しく紹介します）。

標本調査による統計は、全数調査より難しい理論を必要とするくせに、全数調査より不確実な結果しか得られません。しかし、全数調査より優れている面があるからこそ、時代が進むに

**全数調査**

➡集団のすべてを
シラミ潰しに調べる

**標本調査**

➡集団の一部のみを
調べる

結果の正確さ“だけ”が
大事なら、全数調査の
ほうが優れている

## 標本調査より全数調査のほうが、結果は正確。

つれて標本調査という手法が発展したのです。

例えば、**「母集団の数があまりにも多い**ため、全数調査が事実上不可能なケース」などは、標本調査に頼るしかありません。ある地域の地質調査を行なう際、その地域に存在する土をすべて調べ尽くすことは不可能です。地球上に存在するすべてのダンゴムシの統計をとることも不可能でしょう。

ならば、個体数が少なく絶滅寸前の生物なら全数調査ができるかというと、それも不可能です。生物の特定の種について全数調査を行なうためには、「その種の起源となった個体」から「将来的に生まれてくる個体」まで、すべてを調査する必要があるからです。

また、「全数調査はいちおう可能だが、本当に全数調査してしまうと、**調査の意義そのものが失われてしまう**ケース」もあります。

例えば、ある家電製品の耐用年数を正確に調べるためには、すべての製品を壊れるまで使って統計をとるしかありません。しかし、作った製品をすべてテストで壊してしまっては、調査の意義が失われます。このようなときは、一部の製品のみを対象に標本調査を行なうしかないのです。

さらに、「全数調査は可能だし、調査の結果にも支障はないが、それでも標本調査をしたほうがよいケース」もあります。全数調査すると**コストや時間がかかりすぎてしまう**場合は、精度に支障が出ない範囲で標本調査を行なったほうがよいでしょう。

ここで「精度に支障が出ない範囲」をどうやって決めるべきかという問題もありますが、統計学にはちゃんと「標本調査の精度」を表わす指標が存在します（信頼係数）。

ここまで、標本調査のメリットをいくつか紹介してきましたが、「あくまで正確な結果にこだわるなら、やはり全数調査を行なうしかない」とも言えます。

例えば、日本では2001年頃に牛肉のBSE問題が起こりましたが、それ以来、国内で流通するすべての牛にBSE検査が実施されるようになりました。感染牛の流通を絶対に阻止するためには、やはり全数調査（全頭検査）しかない、ということでしょう。

ここから少し余談になります。

牛の全頭検査は個々の牛（がBSEに感染しているかどうか）を調べることが目的なので、厳密に言えばこれを「統計」と呼ぶかどうかは微妙なところです。「統計」とは本来、「個々」ではなく「集団全体」の傾向を調べるものですから。

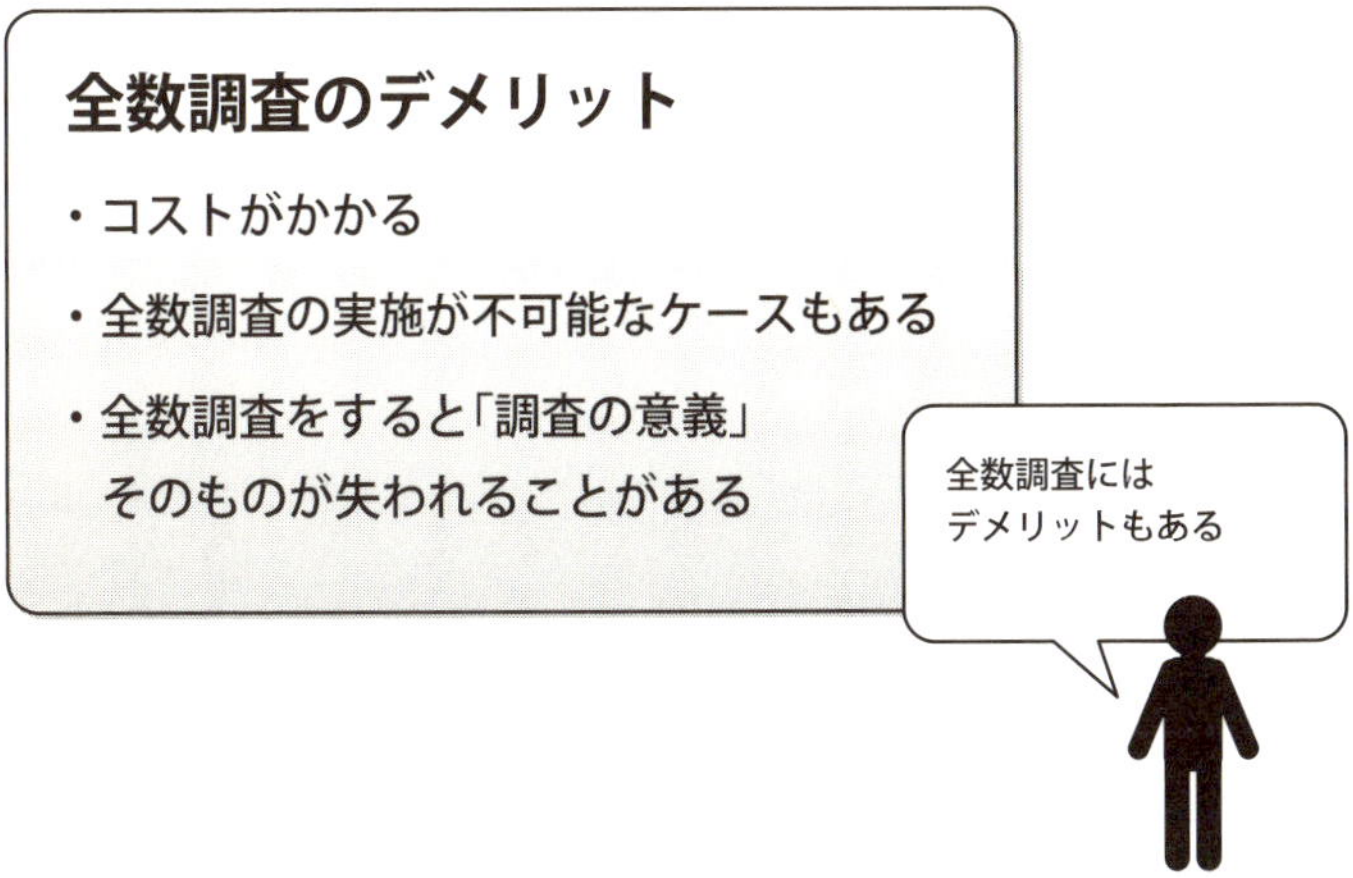
全数調査のデメリット
・コストがかかる
・全数調査の実施が不可能なケースもある
・全数調査をすると「調査の意義」そのものが失われることがある
全数調査には
デメリットもある

## 標本調査のほうが優れているケースもある。

「個々の牛」検査は、統計とは呼べません。しかし目的はどうあれ、結局はすべての個体を調べるのですから、そのデータを拝借して統計に利用することは「あり」でしょう。

これと同様のことは、人間の健康診断にも言えます。

健康診断は本来、本人の身体の状態を調べることが目的です。本人にとっては、「自分（個々）の身体が健康かどうか」だけが問題であり、日本人（集団）の健康状態の傾向など興味ありません。したがって、健康診断は（本人から見れば）統計とは呼べません。ですが、健康診断の結果は、最終的に厚生労働省などの統計調査に利用されることがあります。

このように、「ほかの目的（統計以外の目的）で集められた大量のデータ」を、後から統計に転用する例は多いのです。

Part 1 04

コミュニケーション・ツールにもなる統計データ

# 統計は、いつ役に立つのか？

「数学は役に立たない」と思っている人は少なくないでしょう。

中学の数学なら、社会生活を送る上で役に立つこともありますが、高校レベル以上の数学は、学校を卒業してしまうと、なかなか使う機会がありません。とはいえ、現在の私たちの生活を支えているさまざまな科学技術が、数学のおかげで成立していることも確かです。

一般に、数学という学問は、人間の個々の生活にはあまり役に立ちませんが、人類全体の発展（自然現象の解明や科学の発展）のためには、なくてはならないものです。

統計学は数学の一分野ですから、自然現象の解明や科学の発展にも当然ながら役立っています。その上で、統計学は、「人間の個々の生活の中でも役に立つ」という特長を持ち合わせています。「統計」は、コミュニケーションの道具として使えるからです。

他人とコミュニケーションする上では、「効果的に数字を使えば、話に説得力が出る」とよく言われます。一口に「数字」といっても、いろいろありそうですが、実は「**説得力を出すための数字の使い方**」は2種類しかありません。

① AとBを比べると、Aの数字のほうが大きい。

**統計が利用されるシーン**

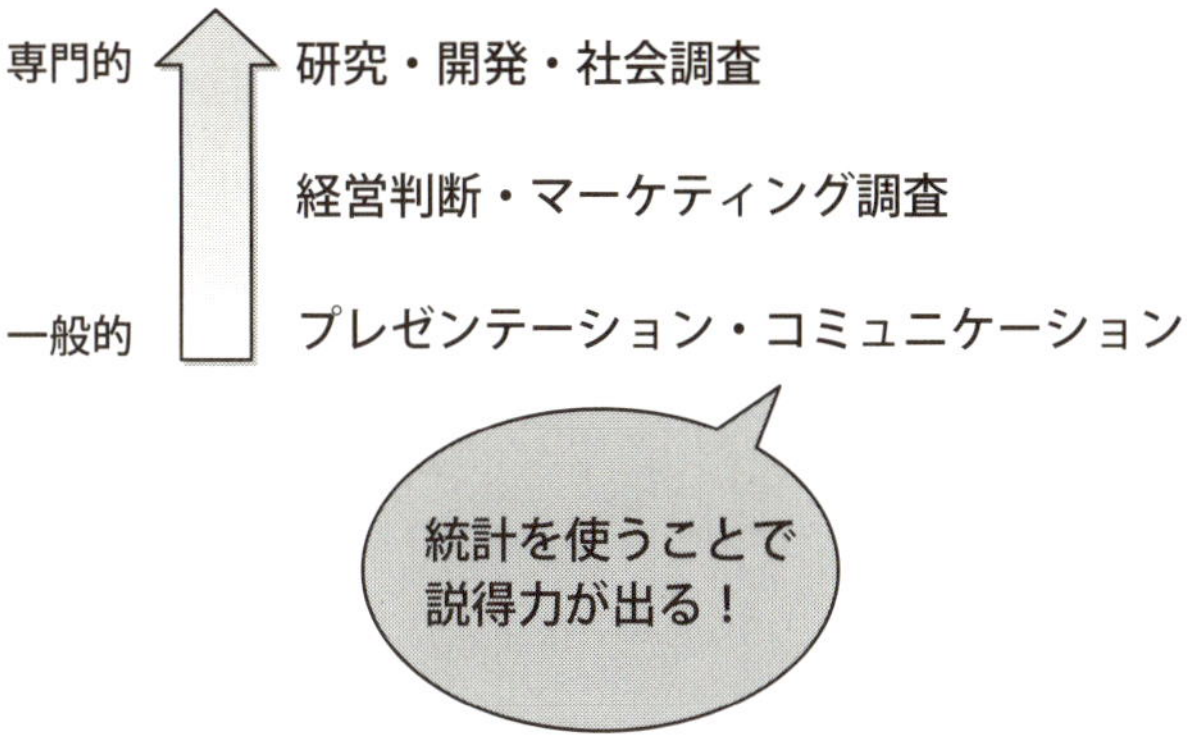
専門的
研究・開発・社会調査
経営判断・マーケティング調査
一般的
プレゼンテーション・コミュニケーション
統計を使うことで
説得力が出る！

## 「統計」は日常のコミュニケーションで役に立つ。

だからAを選ぶほうがよい。

②　統計によると、Aには○○な傾向がある。だからAは××になるはずだ。

「BよりもAのほうが安い。だからAを買ったほうが得だ」「A社とB社の財務諸表を見比べると、A社の業績のほうが良いとわかる」「Aを採用すれば現状よりもこれだけ費用削減できる」——これらの論法はすべて①に属します。これは「数字の比較」をしているだけなので、「数学」というほど大げさな話ではありません。

「この商品は、お客様の95%が満足している。だからあなたもきっと満足するだろう」「A社は過去10年間、経常利益の上昇を続けてきた。だから将来有望だろう」「高校生の98%が携帯電話を所有している。だから高校生向けの商品を開発すれば売れるだろう」——これらの論法は②に属するものです。これがまさに「統計」

の応用です。

ちなみに、「①数字の比較」と「②統計」の両方を使った合わせ技もあります。

「今回の英語のテストの平均点は59点だった（統計）。僕は71点で平均以上だったので英語の成績はそれなりに良かった（数字の比較）」

合わせ技といっても、特に難しい話ではありませんね。

世の中には数字があふれています。テレビや新聞、雑誌を見ると、どこかに必ず数字やグラフが掲載されています。わざわざ数字やグラフを見せるのは、「情報をわかりやすく伝えるため」、そして「情報に説得力を出すため」です。

統計は、マスコミや研究者だけが使える特権では決してありません。読者の皆さんも、自分で統計をきちんと使いこなせば、主張に説得力をもたせることができます。

## ❖ 数字に説得されてはならない？

コミュニケーションは、「情報を送る側（話す側）」と「情報を受ける側（話を聞く側）」の両方がいて、初めて成立します。

ここまで「情報を送る側」の立場にたって、「数字（統計）を使えば説得力が出る」といってきましたが、今度は逆に「情報を受け取る側」の立場で考えてみましょう。

「数字（統計）を使えば説得力が出る」ということを「情報を受け取る側」の視点で言い替えると、「相手が数字を持ち出すと、こちらが説得されてしてしまう」ということになります。

数字が出てきただけで何でも納得してしまっては危険です。話している相手が数字（統計）を持ち出したとき、こちらは少し警戒する必要があります。

数字を出されただけで
なんとなく
説得されてしまう？

数字を持ち出せば
説得力が出る。

## 数字を持ち出した相手が、いつも正しいとは限らない。

ひょっとしたら、その数字は間違っているかもしれません。間違いとまで言いきれないにしても、「相手が口に出して言わない、隠された条件」があるかもしれません。「この商品を買った人の76％は3か月以内に彼女ができます」と口先では言いつつ、心の中で（ただしイケメンに限る……）とつぶやいているかもしれません。

また、「統計じゃないけれど、**統計っぽい数字**」が登場することが、しばしばあります。

「そういう人は、たぶん8割くらいいるんじゃないかな」「せいぜい2割もないでしょう」

――この手のセリフに出てくる「8割」「2割」という数字は、統計でもなんでもありません。「なんとなくそんな感じがする」と言っているだけです。

統計は、コミュニケーションに役立つ道具ですが、使い方には十分な注意も必要です。

Part 1 05

## 統計の応用①「不慮の事故」に備える保険のビジネスモデル

# 非ゼロ和ゲームに勝つ統計

日常生活の中で「統計」が登場するときは、多くの場合、「他人に統計を見せる」という目的で利用されます。きれいなグラフで統計を表現するのも、「他人に見せる」という目的があるからです。

しかし、世の中では、見えないところで統計が活用される例がたくさんあります。

これから、そのような「**見えないところで活用される統計**」を紹介しましょう。最初は「保険」のビジネスモデルです。

保険には、生命保険、火災保険、自動車保険など、さまざまな種類がありますが、いずれもビジネスの仕組みは同じです。

まず、保険の加入者（保険会社から見たお客さん）が、「もしものとき」に備えて、少額の保険料を支払います。

「もしものとき」はそう簡単に起こらないでしょう。が、保険の加入者が多くなれば、「もしものとき」に遭遇する人が必ず出てきます。そういう人に、保険会社は（おそらく）多額の保険金を支払います。

「多くの人が少しずつお金を払い、特定の条件を満たした人だけが多額のお金を受け取る」という意味で、保険はギャンブルと同じものです。

お金を受け取る側の心理としては、「ギャンブルでお金を受け取るときは素直に喜べるが、保険でお金を受け取るときは手放しで喜べない」という違いはあるでしょうが……。

保険とギャンブルには、もうひとつ、重要な違いがあります。一般に、ギャンブルの胴元は、「自分が絶対に損をしないルール」を自由に設定できます。ところが、保険会社は「自分が絶対に損をしないルール」を決めることが難しい。

なぜでしょうか？

サイコロやトランプ、ルーレットなどのギャンブルであれば、「当たりが出る確率」が正確に計算できます。これらのギャンブルは、完全にランダム（☞第3章03参照）な結果が出るからです。胴元は機械的に確率を計算するだけで「自分が必ず得するルール」をいくらでも作れます。

ところが保険の場合は、そう簡単にはいきません。

保険の対象は、一般に「不慮の事故」です。事故というものは、いろいろな意味で必ず偏《かたよ》って起きます。「どんなドライバーでも、5年に1回くらいは事故を起こす」ということであれば自動車保険の収益計算も楽ですが、現実はそんなわけにいきません。

例えば、「事故を起こしやすい人」と「事故を起こしがたい人」の差は確実にあります。雪の日は、晴れた日よりも事故が起きやすいでしょう。また、車種によって「事故を起こしやすい車」というものがあります。運転経験の浅い若者が好んで乗る車は、どうしても事故を起こしやすいでしょう。

そして、（保険会社にとって）やっかいなことに、「事故の起きやすさ（傾向）」は時とともに変化していきます。自動車の売れ行き、道路交通法の改正、若者の人口の変化など、「事故の起きやすさ」に影響を与える要素は、たくさんあります。

保険会社は、さまざまな要素を検討して「自分が損をしないルール」を作り、世の中の状況に応じて、ルールの見直しを続けていかねばなりません。

## ❖ＪＲＡは統計を使わない？

保険とギャンブルの違いについて、もう少し詳しく見ていきましょう。「結果が偏る」という意味で、保険は競馬と似ています。競馬の場合、「勝ちやすい馬」と「勝ちにくい馬」がハッキリと分かれています。また、雨が得意な馬や、長距離が得意な馬の存在など、結果に偏りをもたらす要素がたくさんあります。

ところが競馬の胴元（ＪＲＡなど）は、統計などいっさい使わなくても、「絶対に自分が損をしないルール」を作れます。

なぜなら、競馬の場合は「レースに参加する馬の中で、順位が確実に決定する」からです。「誰かが確実に勝ち、誰かが確実に負ける」という枠の中でギャンブルを行なっているからです。

胴元はレースが終わった後で、「負けた人のお金を勝った人に振り分ける」という作業を粛々と行なえば、自分は絶対に損をしません。だから胴元は、「どの馬が勝ちやすい」といった情報をまったく知らなくていいのです。もちろん、統計を持ち出す必要もありません。

競馬のように「誰かが確実に勝ち、誰かが確実に負けるゲーム」のことを、数学では「**ゼロ和《わ》ゲーム**」といいます。競馬や駅伝のように、順位が決まる競技は、原則としてゼロ和ゲームです。野球やサッカー、囲碁、将棋なども、ゼ

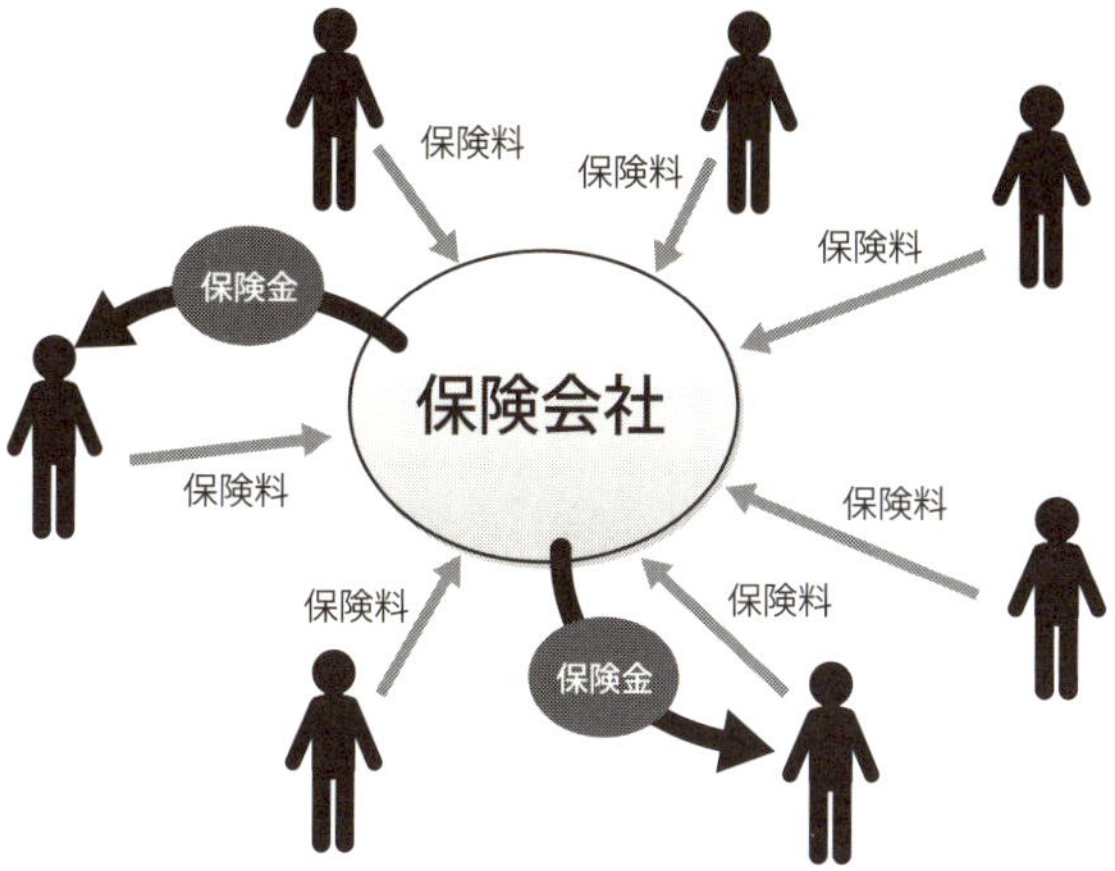


## 保険会社のビジネスモデルは統計によって成立している。

ロ和ゲームです。

保険は「**非《ひ》ゼロ和ゲーム**」です。非ゼロ和ゲームの場合、「誰かが勝てば、誰かが負ける」とは必ずしも言えません。「みんなが勝つ」「みんなが負ける」という状況がありえます。ひょっとしたら、「保険契約を結んだお客さん全員が、一度に事故を起こす」という事態があるかもしれません。これを競馬でたとえるなら「全出走馬が1位になった」という状況です。そんなことになれば、お金を支払う側（保険会社）としては、たまったものではありません。

保険会社としては、そのようなリスクを避けるために「大規模災害時の免責条項の付加」や「保険会社自身が別の保険に入る（再保険）」などといった対策をとり、その上で「非ゼロ和ゲーム」に勝つために、統計を活用し続けているのです。

Part 1 06

統計の応用②　預金を有効利用する銀行のビジネスモデル

# 他人のお金を守る統計

皆さんは、銀行がどうやってお金を儲けているのかご存じでしょうか?

銀行のビジネスにも、「統計」が深く関わっているのです。

最初に、銀行の業務内容を簡単におさらいしましょう。銀行では、まったく性質の異なるさまざまな業務を扱っています。銀行の業務でまっさきに思いつくのは「預金の管理」と「お金の融資(貸し出し)」でしょう。「振込み手続き」も重要な仕事です。ほかに、海外通貨の両替や貸金庫なども、銀行の仕事です。

これらの業務はいずれも、社会にとってなくてはならないものです。

ただ、銀行も企業のひとつですから、事業を通して収益(儲け)を上げなければいけません。現在、銀行の収益を支える柱となっているのが、次の3つです。

**①手数料**

これは、「振込み手数料」と考えてもらってかまいません。

**②融資の利息**

お金を他人に貸すと、利息が銀行に入ります。不景気で利息の低い時代が続いていますが、それでも銀行にとって重要な収入源です。

### ③有価証券の売買益

株式や債券を売買することで儲けます。

株式は「安いときに買い、高いときに売る」という方法で収益を得ます。少額ですが、もちろん株の配当金も銀行の収益となります。

さて、この3つの収益の中で、いかにも「統計」が活用されていそうなのは、「③有価証券の売買益」でしょう。

有価証券は、必ずしも「買ったときより高い値段で売れる」とは限りません。売買には相応のリスクがともないます。そこで銀行が「統計」を駆使して株価の変動を予測し、確実な収益につなげていると考えられるでしょう。

――確かにそこでも統計は利用されているでしょうが、あまり本質的なポイントではありません。

「銀行」という存在をもっと根底で支える深い部分で、「統計」が使われています。

さきほど挙げた3つの収益ですが、実は「②融資の利息」と「③有価証券の売買益」は、同じものです。

融資の利息を得ようと思ったら、まず誰かに融資しなければなりません。当たり前ですね。融資したお金は、その後、一定の時間を経てから、利息と一緒になって戻ってきます。

有価証券（株など）の売買で利益を得るためには、まず何らかの有価証券を買わなければいけません。これも当たり前です。

その後、一定の時間を経て、「有価証券を買ったときよりも値段が上がったタイミング」を見計らって、その有価証券を売り、収益を得るのです。

「②融資の利息」と「③有価証券の売買益」に共通するのは、「まず銀行からお金が出ていき、一定の時間がたってからそのお金が〝少しだけ増えて〟「戻ってくる」という流れです。

　このような方法でお金を儲けるためには、次のふたつの条件が確実に満たされる必要があります。

Ⓐ最初に、銀行がまとまったお金を持っていなければならない。

Ⓑお金が戻ってくるまで待たなければならない。

　銀行の手元には、だいたいいつも莫大なお金があります。ただし、自分のお金ではなく、お客さんが預けたお金（預金）ですが……。

　ともあれ、手元にお金があるならⒶの条件はクリアできます（なお、銀行が他人の預金を使って運用する行為は「遣い込み」にはあたりません）。

　問題はⒷのほうです。

　融資にしろ、株式売買にしろ、ある程度の時間がたたなければ、お金は戻ってきません。

　仮に、お客さんの預金をすべて使って、融資や株式の購入を行なったとしましょう。そのましばらく待って、無事にお金が（少し増えて）戻ってきたら、めでたしめでたしです。

　しかし、「そのお金が戻ってくるのを待っている状態」のときに、運悪くお客さんが「預金をおろしたい」と言ってきたら、どうなるでしょう？

　ない袖《そで》は振れませんから、「いまは銀行にお金がないので、預金をおろせません」と答えるほかありません。でも、銀行員が一度でもこんなセリフを吐いたら、その銀行は一気に信用を失って破綻します。

　銀行が管理している預金は、全体で見れば莫大な金額です。それらはあくまで他人のお金ですから、お客さんが「預金を引き出したい」と

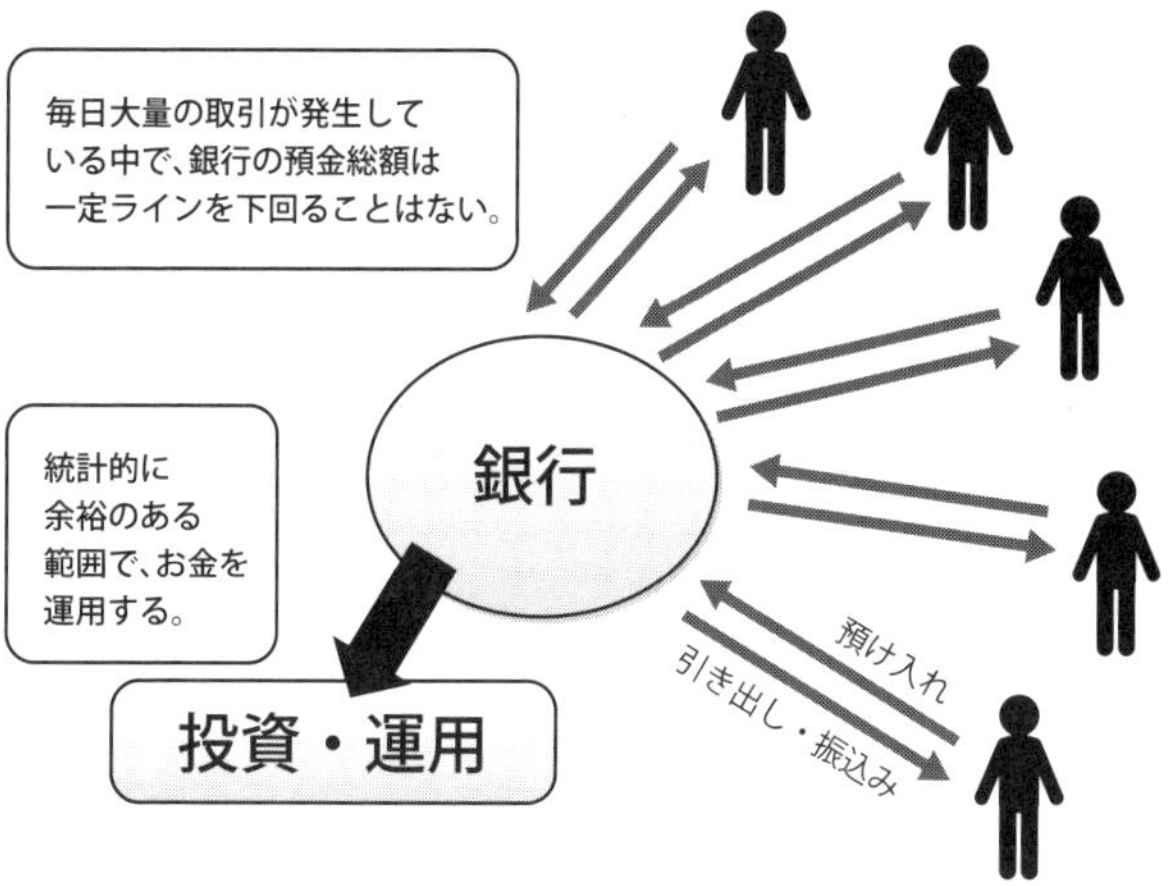
毎日大量の取引が発生している中で、銀行の預金総額は一定ラインを下回ることはない。
統計的に余裕のある範囲で、お金を運用する。
銀行
投資・運用
預け入れ
引き出し・振込み

## 銀行のビジネスモデルは統計によって成立している。

思ったときは、絶対に引き出せるよう確保しておかなければなりません。とはいえ、いきなりすべてのお客さんが一斉に全預金を引き出すことはありえないので、すべての預金をガチガチに抱え込む必要もありません。

銀行が、融資や株式売買に使うため、預金（他人のお金）を外に持ち出すのであれば、「**どんなに最悪の事態でも、銀行全体の預金総額がこの金額を下回ることがない**」という最低ラインを見定めておく必要があります。

この最低ラインを見定めるために、統計が利用されています。

銀行では毎日、多くの人が振込みや送金手続きを行ない、それにともなって、預金が増えたり減ったりします。そういう状況の中で、銀行は統計を駆使し、「どれだけの金額を融資や投資に回せるか」という判断をしているのです。

Part 1
07

統計の応用③ 無料なのに儲かるビジネスモデルはあるのか?

# マイナスをプラスにする統計

数年前から、携帯電話やスマートフォンで遊べる「**ソーシャルゲーム**」が流行しています。ソーシャルゲームは原則として無料で遊ぶことができます。

ゲームを有利に進めたい人は、お金を払うことによって、特別な機能を利用することもできます。有料の機能は、多くの場合「無料では手に入らない特別なアイテム」「無料では入れない〝特別な場所〟に入る権利」といった形で提供されています。

「ソーシャルゲーム」を直訳すると「社会的なゲーム」、「社交的なゲーム」といった言葉になるでしょう。ソーシャルゲームの意義は、「多くの友達と協力して遊ぶ」という部分にあるので、「無料で遊べるかどうか」は本来、ソーシャルゲーム(の名前)とは関係がありません。……ソーシャルゲーム関係ないはずですが、現在のソーシャルゲームは、ほぼすべてが「原則無料で遊び、お金を払って遊びたい一部の人だけがお金を払う」というビジネスモデルをとっています。

「一部だけ無料で遊べて、お金を払えばいろんな機能が解放される」という形態のゲームは、実は、ソーシャルゲームが登場するずっと以前から存在しました。要するに、無料で遊べる「体

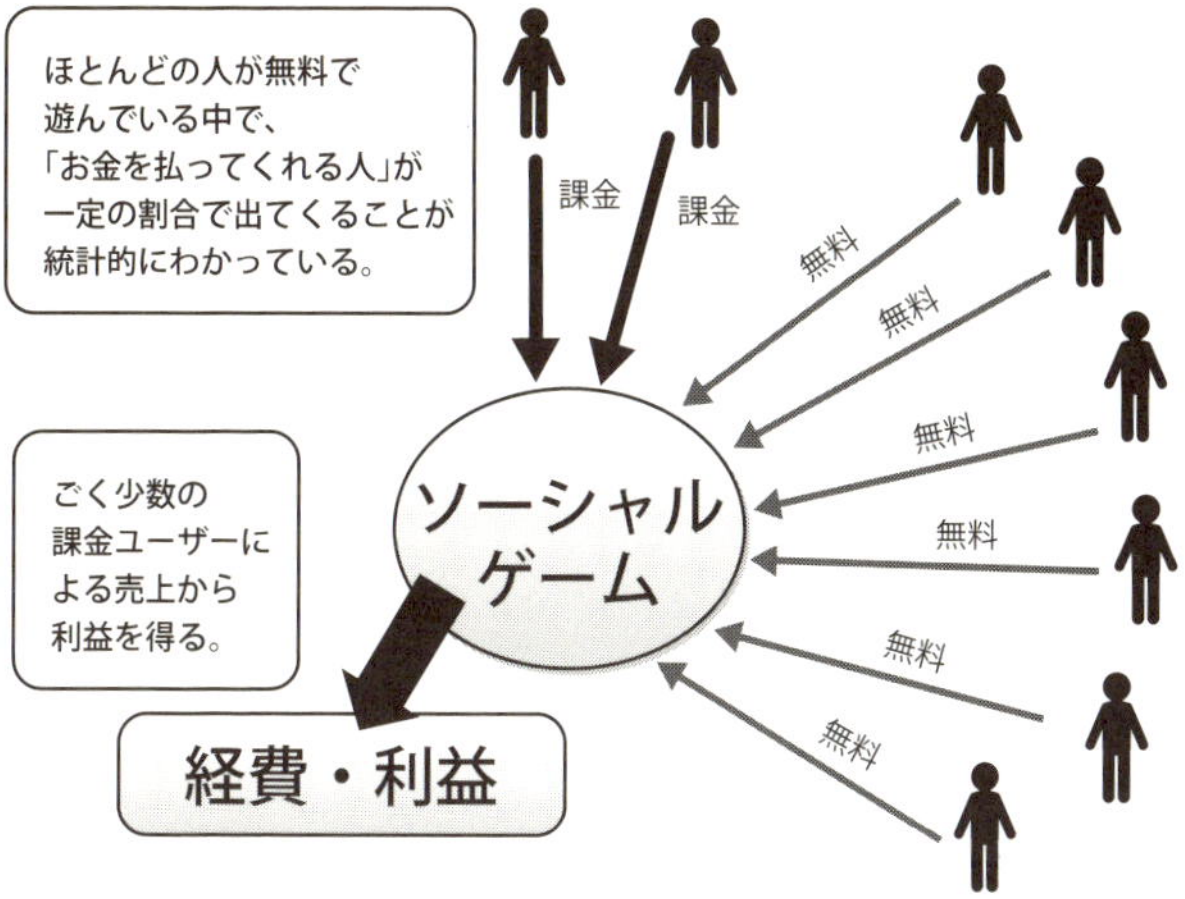
ほとんどの人が無料で
遊んでいる中で、
「お金を払ってくれる人」が
一定の割合で出てくることが
統計的にわかっている。
課金
課金
無料
無料
無料
無料
無料
無料
ごく少数の
課金ユーザーに
よる売上から
利益を得る。
ソーシャル
ゲーム
経費・利益

## ソーシャルゲームは統計によって成立している。

験版」のことです。

既存の（任天堂やソニーなどの）ゲームしか知らない人が、「一部だけ無料で遊べる」というソーシャルゲームの宣伝文句を見たとき、「どうせ体験版（だから少ししか遊べない）だろう」と思ってしまう人が多いようです（この私もそう思っていました）。

しかし、実際にソーシャルゲームをやってみると、そのボリュームに驚きます。ソーシャルゲームは既存の「体験版」と違って、ほとんどの機能を利用できるのです。「ここまで無料で遊べるのに、追加で金を払う人なんているのだろうか」と、疑問に感じる人もきっと多いでしょう。

実際、私の周りの人々にソーシャルゲームについて聞いてみると、大多数が「ソーシャルゲームで遊んだことはあるけれど、有料の追加機能にお金を払ったことはない」と回答しました。ちなみに、そう答えなかった人はすべて「ソーシャルゲーム自体やったことがない」という回答でした（せいぜい10人程度に聞いただけなので「統計」と呼べるほどのデータではありませんが、少なくとも私の周りには、ソーシャルゲームにお金をかけた人はひとりもいませんでした。

しかし一方で、「ソーシャルゲームでウン十万円も使ってしまった」といったニュースやコラム記事を、ちらほら見かけることがあります。

ソーシャルゲームとは、「少数の人が、ものすごく多額のお金を払う」ということで成立しているビジネスモデルなのです。

このように、「限定されたサービスを無料で提供して、お金を払ってくれた人にだけ特別なサービスを提供する」というビジネスモデルを、「**フリーミアムモデル**」といいます。「フリー（無料）」と「プレミアム（割増し料金）」を足してできた造語です。

「体験版」と「フリーミアムモデル」は、「大多数の人に商品を無料で提供し、一部の人だけがお金を払う」という意味で、同じものです。

これらのビジネスでは、先に無料でサービスを提供する以上、必ず先に損をします。この損失は、その後の有料サービス部分で必ず回収しなければなりません。

「全体（無料で遊んでいる人）の何割が、お金を払ってまで有料サービスを受けてくれるのか」「無料サービス部分の維持管理には、どれくらいの経費を使ってよいのか」「経費を回収するために有料サービス部分の価格をどう設定すればよいのか」――。

これらの課題を解決するためには、いずれも

フリーミアム

多くのユーザーが無料で利用。一部のユーザーが有料サービスを利用。
ソーシャルゲーム、Webサービスなど。

試供品・体験版

「商品の一部限定版」を無料で配布。試してみた消費者が気に入れば
お金を出して「製品」を買う。

広告モデル

「商品を使う人」と「お金を出す人」が異なるビジネスモデル。
広告効果があることを統計で示す必要がある。

## 「先に損をするビジネス」は統計的な裏付けがある。

「統計」による裏付けが必須です。

しかし、フリーミアムモデルが登場する以前は、こうした無料ビジネスモデルで統計が活用される例は多くありませんでした。その理由として、「昔は統計をとること自体が難しかった」という現実があります。

現在のフリーミアムモデルは、すべてインターネットをはじめとする情報技術の上で成立しています。ユーザーの利用状況も、すべてサーバーのアクセスログによって完璧に把握できますから、**リアルタイムで完璧な全数調査を行なっているのと同じ**ことになります。

一方、街頭の試供品配布などでは、「試供品を受け取った人が、あとに直接商品を購入した」という事実を把握する方法がありません。

フリーミアムモデルの成功は、情報技術の上に成り立っているのです。

Part 1
08

統計の応用④ 5700年がポイントの放射性炭素年代測定

# 古代をさぐる統計

ここまで、お金儲け（ビジネスモデル）の話ばかり続いたので、たまにはお金と関係ない話をしましょう。歴史の研究に生かされる「統計」のお話です。

「歴史」とは、過去を研究する学問です。過去を直接見ることはできませんから、何らかの物的証拠を積み上げることで「過去のどの時期に何が起こったか」を推定します。

有史以降（文字が成立した後）の時代であれば、さまざまな文献を検証することで歴史を解き明かすことができます。文字が成立する前の時代については、土器や石器、住居跡といった物的証拠を検証することによって、ある程度の歴史が判明します。

人類が登場するより前の時代については、化石を調べることになります。はるか昔の地球に恐竜が存在していた事実も、化石によって裏付けられています。

そして、いまでは「恐竜が生きていた時期」や「恐竜が絶滅した時期」まで、かなり正確な情報がわかっています。恐竜に限らず、魚貝類や植物についてもいろいろなことがわかっています。

それにしても、化石を見ただけで「それが生

**自然界には3種類の炭素が存在する**

※化学的な性質はどれも同じ

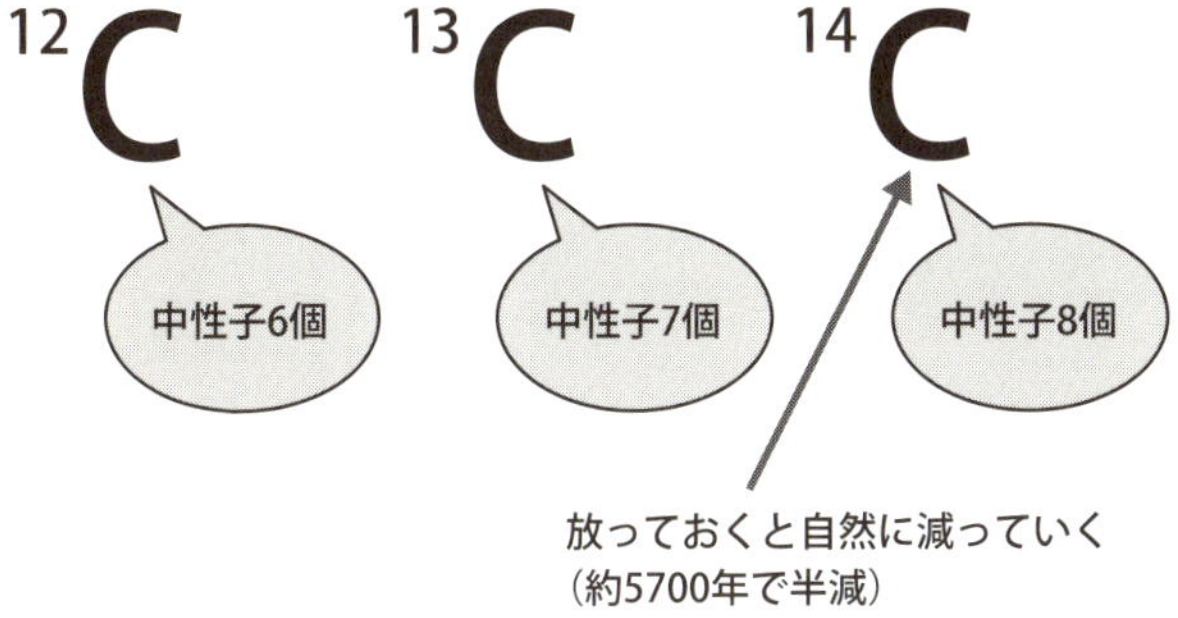


## 放射性元素は、時間とともに減っていく。

きていた時期」まで正確にわかってしまうのは、なぜでしょうか。その秘密は炭素です。

一口に「炭素」といっても、自然界には3種類のバリエーションが存在します。それぞれ「炭素12（$^{12}C$）」「炭素13（$^{13}C$）」「炭素14（$^{14}C$）」と呼ばれますが、このうち「炭素14」だけが放射性元素です（放射性元素というと、なんだか恐ろしいと感じる人がいるかもしれませんが、炭素14はもともと自然界のいたるところに存在する元素なので、害はありません）。

放射性元素は、時間とともに少しずつ量が減っていく（他の元素に変化していく）性質があります。炭素14を放置しておくと、およそ5700年で半減します。

そうすると、自然界（地球上）の炭素14の総量は、時代とともにどんどん減少していくはずですが、実際には何億年も前から〝ほぼ一定〟

の量を保っています。

なぜなら、宇宙から地球上に降り注ぐ放射線（宇宙線）によって、大気の上空で常に新しい炭素14が生まれているからです。


炭素14は放っておくと約5700年で半減するが、空気中では常に新しい炭素14が生成されている（減ったぶんだけ補給されている）ので、全体の炭素14の量はほぼ一定である。


「**炭素14が新しく生まれるのは空気中である**」という点に、特に注意してください。

地球上のすべての生物は呼吸していますから、空気中の炭素14も自然に身体へ取り込まれます。したがって、生物が生きている限り、体内の炭素14の量は一定です。


生物が死ぬと、空気中の炭素14が体内に取り込まれなくなります。そして、「すでに体内にある炭素14」は、容赦なく減っていきます。

つまり、化石に含まれる炭素14の量を調べて、「自然界（空気中）の炭素14と比べてどれほど減ったのか」を計測すれば、その化石が生きていた時代を正確に知ることができるのです。

こうして化石の炭素14の量を調べることによって、その化石が生きていた時代を特定する手法を「**放射性炭素年代測定**」といいます。

放射性炭素年代測定の実用化には、統計が深く関わっています。

まず、「放射性元素は一定のスピードで減少を続ける」という性質は、物理学上の理論によって明らかになっていますが、「具体的にどれくらいのスピードで減少するのか」は、理論だけでは導けません。

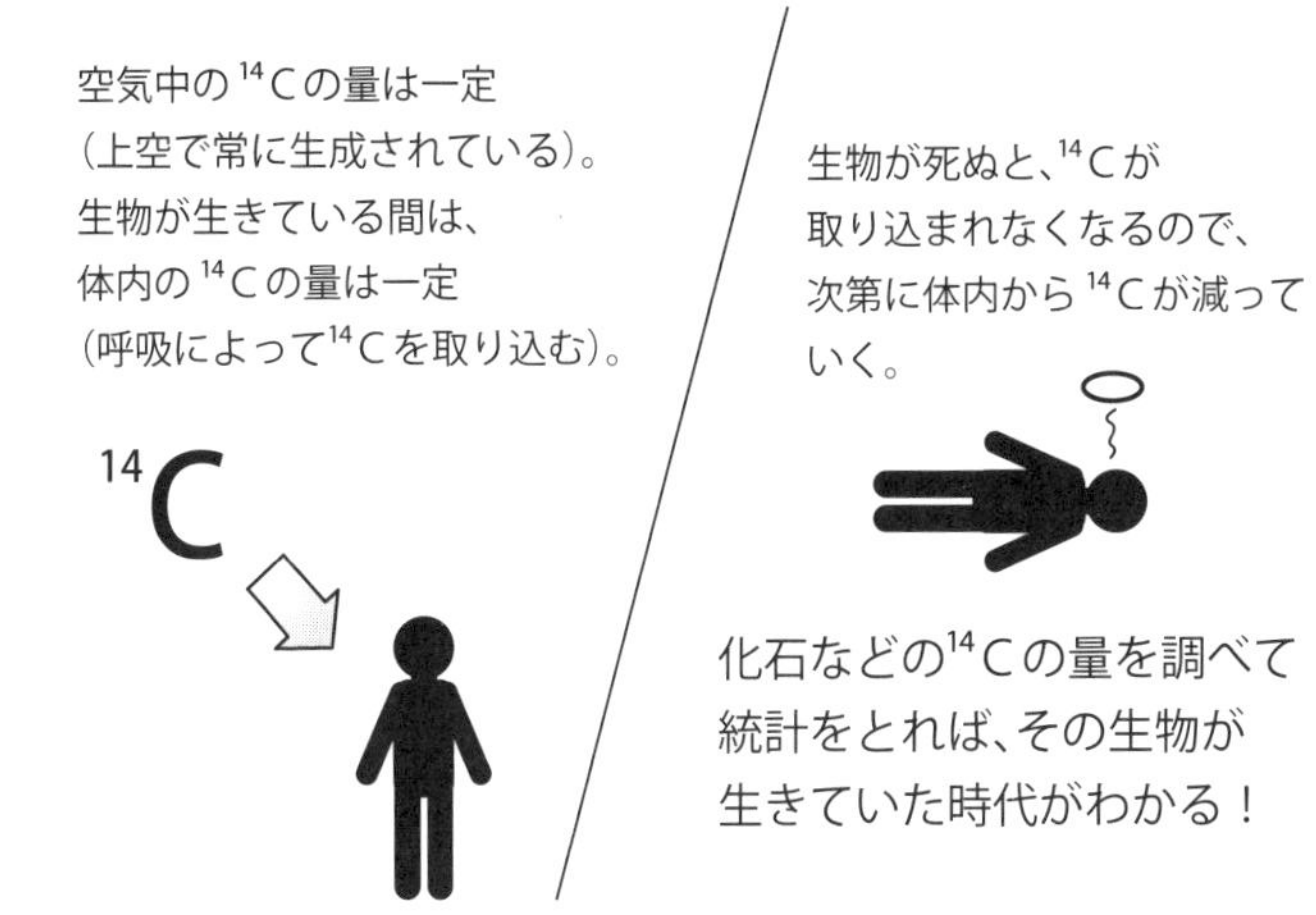
空気中の$^{14}$Cの量は一定
（上空で常に生成されている）。
生物が生きている間は、
体内の$^{14}$Cの量は一定
（呼吸によって$^{14}$Cを取り込む）。
$^{14}$C
生物が死ぬと、$^{14}$Cが
取り込まれなくなるので、
次第に体内から$^{14}$Cが減って
いく。
化石などの$^{14}$Cの量を調べて
統計をとれば、その生物が
生きていた時代がわかる！

## 生物が死ぬと、身体から$^{14}$Cが減っていく。

炭素14の減少スピードを実際に測定し、データを統計的にまとめることで、「炭素14はおよそ5700年で半減する」という事実が判明したのです。

また、炭素14の減少スピードが判明しただけでは、正確な年代測定はできません。なぜなら、大気中の炭素14の量は、時代によって少しずつ変化するからです。

さきほど、「地球上の炭素14は〝ほぼ一定〟の量を保っている」と書きましたが、あくまでも〝ほぼ一定〟なのであって、完全に一定なのではありません。

そこで、「木の年輪」や「湖の堆積物」を使った年代測定を行ない、その結果を放射性炭素年代測定と比較し、両者の誤差を統計的に分析することで、より正確な年代測定を実現しているのです。

# Part 2

# 統計の歴史

Part 2 01

# 国家の「状態」を知るために 統計の起源

数学の中で、最古の歴史を持つのが幾何学です。古代メソポタミアやエジプトでは、川の氾濫が起こるたびに、土地を測量しなおす必要がありました。そこで初歩的な幾何学が活用されたのです。

人類が統計の手法を使いはじめたのは、紀元前3世紀頃と考えられています。統計は、幾何学に次いで2番目に登場した数学です（といっても、まだ「統計学」ではありません）。

初期の統計は、**国勢調査（人口調査）**のために使われていました。当時、支配者にとっては「人口＝国力」でした。昔は、人の数が多ければ多いほど、たくさんの税金が取れました。また、人の数が多ければ多いほど、自国の軍は強力になりました。一国の支配者にとって、自国の人口の把握は非常に重要だったのです。

例えば「新約聖書（ルカの福音書）」には、イエスが誕生する少し前、ローマ帝国によって人口調査が行なわれたという記述があります。これを命じたのは、時の皇帝アウグストゥス（紀元前63年‐紀元14年）。暗殺された養父カエサルの遺志を継ぎ、古代ローマ帝国の初代皇帝となった人物です。

具体的な年代や記録については、まだわから

## アウグストゥス
(Augustus)

**紀元前 63 - 紀元 14 年**

古代ローマ帝国初代皇帝。紀元前43年にアントニウス、レピドゥスと三頭政治を始めたが、レピドゥスを退け、クレオパトラとアントニウスの海軍をアクティウムで破り、紀元前27年に元老院から「アウグストゥス」の称号を受けた。(写真＝アフロ)

ない点もありますが、この調査により、それまで不正が横行していた民間の徴税請負人に代わってローマから派遣された役人が、征服された属州の住民ひとりひとりから税金（人頭税）を徴収するシステムができあがったとされています。徴税はもちろん、徴兵のためにも国の状態を正確に把握する必要があったのです。

時代がもう少し進むと、幾何学（測量）と統計を組み合わせて、土地調査が実施されるようになりました。人口だけでなく「領土の広さ」も国力を表わす指標となったからです。

古代の統計は、人口の総数や農地の総面積を知ることが目的だったので、当然「全数調査」が前提です。また、当時は「統計」とはいっても、結果の分析はほとんど行なわれませんでした。学問としての「統計学」が現れるのは、まだまだ先の話です。

Part 2 02

# 教会の記録が戸籍簿がわり 2000年も停滞した統計

現在の日本では、国勢調査を5年に一度のペースで実施しています。日本の国勢調査では、「その年の10月1日の午前0時の時点で日本に住んでいる人」を対象として、全国で一斉にアンケート調査を行なうのです。

実は、このような「国全体を巻き込んだ一斉調査」ができるようになったのは、けっこう最近の話なのです。日本の国勢調査のように、全国での一斉調査を実現するためには、国全体をカバーする交通網や通信網が完備されていることが必要です。その上で、多数の調査員を組織し、大量のデータを短期間で処理する仕組みを構築しなければなりません。これらは、十分に発展した近代国家だけが実現できることです。

それでは、昔はどのような方法で国勢調査を行なっていたのでしょうか？

17世紀以前のヨーロッパでは、おもに教会の記録を国勢調査に利用していました。教会では、子供の洗礼や結婚式、葬儀といった式典が行なわれます。そして、これらの式典は、すべて「教区記録」という台帳に記録されました。したがって、国全体の教区記録を集めて、「過去に洗礼を受けた記録があり、かつ葬儀の記録がない人」を数えれば、(国全体の一斉調査を行なわなく

ブリューゲルによる「ベツレヘムの人口調査」。この絵画は、前項で触れたローマ帝国による人口調査の場面を描いたものだが、実際には16世紀のフランドル地方での人口調査（すなわち徴税）の風景が題材にとられている。教会による出生記録などのおかげで、この頃から人口統計の基盤が固まりつつあった。

ても）だいたいの人口がわかるのです。

ただし、教区記録に記載されるのは、キリスト教を信仰する人に限られるので、他の宗教の信者やホームレスは「いないもの」と見なされてしまいます。当時のフランスやイギリスは、国民のほとんどがキリスト教を信仰していたので、教区記録を集計すれば、実用上は問題なかったというわけです。

教区記録を利用した国勢調査は、「直接的な方法で国民の数をカウントしなくても人口を推定できる」という意味で、なかなか工夫されています。とはいえ、これはあくまで「データを集めるための工夫」であって、「集めたデータの分析」とは関係ありません。

人類の歴史に統計が登場してから2000年もの間、このジャンルはほとんど発展していなかったのです。

Part 2 03

# サイコロ博打が生みの親？
# 「確率」の誕生

16世紀は、統計的な手法が利用されていたものの、学問としての統計学はまだ生まれていなかった時代です。ちょうどこの頃、人口調査とはまったく無関係な場所で、「統計学の親戚」ともいえる学問が誕生しました。**確率論**です。

16世紀のイタリアに、**ジェロラモ・カルダノ**（1501‐1576）という人物がいました。カルダノは、数学の世界に初めて虚数（2乗すると-1になる数）の概念を導入したことで知られる、たいへん優秀な数学者です。また、カルダノはイタリアを代表する名医であり、アレルギーや腸チフスを発見したことでも知られています。

ここまでの話だと、カルダノについて「大学でまじめに研究にうちこむ先生」のような姿を想像されるかもしれません。しかし実際には相当なろくでなしで、毎日、博打《ばくち》で遊んでばかりいました。そもそもカルダノが数学上の偉大な業績を残したのも、すべて博打が目的だったのです。

当時は、数学者の間で「数学勝負」とも呼べるような遊びが流行っていました。ふたりでお互いに数学の問題を出し合い、それぞれいくつ正解できるかで勝敗を決めるのです。カルダノ

## ジェロラモ・カルダノ
(Gerolamo Cardano)
1501 -1576年

イタリアの医師・数学者。代数方程式の解法を研究。啓蒙家として多くの著述を残した。

は、その数学勝負で相当な好成績を上げる名手でした。

また、カルダノは数学勝負だけでなく、サイコロを使った本当の博打にも夢中でうちこみました。彼はサイコロ博打に勝つためだけに、確率論を生み出したのです。当時は「博打の勝ち負けは長い経験とカンで決まる」と誰もが考えていた時代です。ひとりだけ、理論（確率）を武器に賭場に乗り込むカルダノは、連戦連勝でした（ついでに言うとカルダノはイカサマの達人でもありました）。

現在では、「確率」と「統計」の間に密接な関係があることは常識になっています。しかし、フランスやイギリスで教区記録を使って人口調査を行ない、イタリアでカルダノが博打に熱を上げていた時代（16世紀）には、この両者の関係に気づいている者は誰もいませんでした。

Part 2
04

## 数字の意味を分析し、さらに予測へ
# 「統計学」のはじまり

長らく停滞していた「統計」の世界に、ようやく変化が訪れたのは、17世紀のことでした。新しい風を吹き込んだのは、**ジョン・グラント**（1620 - 1674）というイギリスの商人です。

この時代のイギリスでは、あいかわらず教区記録の集計による人口調査を行なっていました。教区記録は、そのままでは「大量のデータの山」でしかありませんが、グラントはこのデータを整理し、さまざまな分析を加えたのです。人口の変化や、死因の割合を地域ごとに明示し、「地域によってそれぞれ人口変化の傾向が異なる」という事実を発見しました。

当時のグラントのレポートには、「寿命で死ぬ者は全体の約1％しかいない」「生まれた者の約3割は6歳以下で死ぬ」「都会は田舎よりも男の割合が高い」「地方からロンドンに移住してくる者が毎年約6000人いる」――といった考察が、実に100件以上も記載されていました。

さらにグラントは、これらの分析結果から、イギリスの**将来的な人口変化の予測**を立てました。つまり彼は、「手元のデータを分析することで、ほかの部分（手元にデータがない部分）

**ジョン・グラント**
**（John Graunt）**
**1620 -1674 年**

イギリスの人口統計学者・商人。近代人口統計学の基礎となる手法を確立し、ウィリアム・ペティが世に広めた。

**ジョン・シンクレア**
**（Sir John Sinclair）**
**1754 -1835 年**

スコットランドの政治家・経済学者。英語で、はじめて「統計学」という言葉を使った。

の傾向を推測する」という、現代統計学の基本的な考え方を、初めて導入したのです。

グラントが登場する以前の「統計」は、「得られたデータ（教区記録）を数え上げて、全体の総数（人口）を算出する」以外のことは何もしていませんでした。

グラントのレポートは非常に画期的だったのです。彼は、自分の考案した統計手法に「政治算術（political arithmetic）」という名前をつけました。この政治算術こそ、現代的な「統計学」の起源と言えます。

ちなみに「統計学（statistics）」という言葉が登場したのは18世紀のことです。イギリス（スコットランド）の政治家であり経済学者でもあったジョン・シンクレア（1754-1835）が、初めて「統計学」という言葉を取り入れました。

Part 2 05

# 現代につながる理論と手法の芽生え
# 道具が出揃った18世紀

グラントの「政治算術」が世に出てから、統計学とその周辺の理論は急速に発展しました。

経済学者の**ロバート・マルサス**（１７６６－１８３４）は『人口論』の中で、「人口は指数関数的に増えるが、人間の食料生産は線形にしか増えない」という説を唱えました。

ちなみに「指数関数」とは、「2、4、8、16…」のような、いわゆる倍々ゲームの増え方を表わします。「線形」とは、「2、4、6、8……」のような一定の増え方をするものです。

マルサスの説が本当に正しければ、人類はいつか必ず人口爆発を起こし、全員が飢餓に苦しむ時代が訪れるでしょう。この説は当時の人々に非常に大きな衝撃を与え、後に「ディストピアＳＦ文学（絶望的な未来を描く物語）」が流行するきっかけになりました。

21世紀を迎えたいま、日本を含む先進国の多くが少子化社会となっていますからマルサスの説が誤っていたことは明白です。にも関わらず、マルサスの功績はいまだに色あせないほど偉大なものだったのです。なぜなら彼は、「過去の統計を根拠として、未来を予測するための数理モデルを作る」という手法を確立したからです。

「**数理モデル**」とは、ある現象を数式によって

## ロバート・マルサス
## (Thomas Robert Malthus)
1766 -1834年

イギリスの経済学者。『人口論』を著し、貧困の原因は人口の増加に食料生産が追いつかないことにあるとし、その対策を「禁欲」に求めた。

表現することです。オームの法則など、学校の理科で学ぶ数式のほとんどは数理モデルの例です。マルサスは、「人間社会のようなあいまいな現象でも（統計を駆使することで）数理モデルを作れる」ということを示したのです。

また、確率の分野では、ヤコブ・ベルヌーイが「確率分布」という考え方を導入しました。トーマス・ベイズは、後の「ベイズ統計学」の基礎を築きました。ピエール・シモン・ラプラスは、標本調査の「誤差」に関する法則として、「中心極限定理」を導きました。

これらの功績は、すべて18世紀に成し遂げられたものです。ただし、この当時はそれぞれの功績が「まったく異なるジャンルのまったく異なる理論」としてバラバラに存在している状態でした。このパーツを組み合わせ、統計学としてまとめられたのは、19世紀になってからです。

Part 2
06

## 近代統計学へのプロローグ
# ヨーロッパの「統計学会」ブーム

19世紀初頭、ヨーロッパを中心に一種の統計ブームが訪れました。

特にイギリスでは、「○○統計学会」と称する団体が雨後のタケノコのように乱立しました。ただし、当時の実態は、現在の「学会」のイメージとは少し異なります。

例えば現在の「日本統計学会」は、純粋な学術団体および研究機関として、論文誌の発行や研究会の実施などを行なっています。しかし、19世紀のヨーロッパの統計学会は、研究よりも「統計調査の実施」に重きを置いていました。「学会」を名乗っていても、その実態は調査会社やシンクタンクに近かったのです。

一般に、統計調査には「大量のデータの収集・集計」がつきまといます。しかも19世紀の統計は、母集団すべてをシラミ潰しに調べる「全数調査」が主流でした（現在では、「標本調査」が主流です）。

国を挙げての国勢調査ともなれば、短期間で膨大な量のデータを収集することになります。統計調査を実施するためには、前もって多数の統計家（統計調査員）を育成するなど、大がかりな準備が必要でした。このため、統計学会としては「先に投資（調査員の育成・準備）を行

アメリカ統計学会
1839年
スウェーデン統計局
1858年
スコットランド統計局
1854年
マンチェスター統計学会
1833年
オランダ中央統計局
1899年
ロンドン統計学会
1834年
オーストリア統計局
1829年
スペイン統計局
1856年

19世紀に設立された統計学会・統計機関。

ない、後から（調査の実施で）収益を上げる」という、株式会社のような組織運営が必要だったのです。

19世紀のヨーロッパは、統計の需要が一気に高まった時代であり、その需要に応えるかたちで「統計調査業」というビジネスモデルが開花した時代でもありました。その結果、当時の〝統計学会〟は、いずれもビジネス色の濃い調査会社のような性格になっていたのです。

## 「ロンドン統計学会」の誕生

当時、統計学会ブームにわくイギリスでは、「**ロンドン統計学会**」という同名の組織が複数存在していました。その中で最も大きな組織だけが、後の「王立統計学会」として生き残りました（ほかの統計学会の多くは、時代の流れの中で消滅していきました）。

王立統計学会の前身である「ロンドン統計学会」は、多くの研究者たちの協力を得て設立されました。

・『地代論』で有名になった経済学者のリチャード・ジョーンズ（1790‐1855）。
・プログラム可能な計算機（ハードウェアを変更することなくソフトウェアのみで機能を変更できるもの）を初めて開発した数学者チャールズ・バベッジ（1791‐1871）。
・『人口論』を著した経済学者のロバート・マルサス（1766‐1834）。
・「科学者（サイエンティスト）」という言葉を作った歴史学者ウィリアム・ヒューエル（1794‐1866）。
・次項で詳しく述べる統計学者のアドルフ・ケトレー（1796‐1874）。

――まさにそうそうたるメンバーが関わったのです。

しかしよく見ると、この中で純粋な統計学の専門家として有名になったのはケトレーひとりです。他の多くのメンバーは、いずれも〝統計以外のジャンル〟の第一人者でした。

当時は、あらゆる研究分野で統計が必要とされていたため、畑違いの（統計学以外の）専門家たちが、こぞってロンドン統計学会に集結したのです。

こうして生まれたロンドン統計学会は、イギリス史上初の国勢調査の実施に関わり、戸籍制度が導入されるきっかけを作るなど、ヨーロッパ全体の発展に大きな貢献をしました。

ロンドン統計学会の設立メンバーの中で、数少ない〝純粋な統計家〟だったアドルフ・ケトレーは、学問としての統計学を大きく発展させ、近代統計学の扉を開くきっかけを作りました。

**1662年**　ジョン・グラントによる英国人口調査レポート「死亡表に関する自然的および政治的諸観察」発表。現代統計学の幕開け。

**1690年**　ジョン・グラントが『政治算術』を著す。

**1713年**　ヤコブ・ベルヌーイが確率分布の考え方を導入。

**1798年**　経済学者ロバート・マルサスが『人口論』を著す。

**1810年**　ピエル・シモン・ラプラスが、特定条件下での中心極限定理について発表。

**1820年**　数学者チャールズ・バベッジ（後のロンドン統計学会設立メンバー）が、コンピュータの原型を設計。

**1828年**　アドルフ・ケトレー（後のロンドン統計学会設立メンバー）が、ベルギーのブリュッセルに天文台を設立。

**1831年**　英国科学振興協会（現：英国科学協会）設立。

**1833年**　英国科学振興協会の一部門として、統計学セクションが設けられる。

**1834年**　英国科学振興協会の統計学セクションが「ロンドン統計学会」として独立。

**1858年**　フローレンス・ナイチンゲールがロンドン統計学会の初の女性会員となる。

**1859年**　チャールズ・ダーウィンが『種の起源』を出版。統計学の発展のきっかけとなる。

**1887年**　ロンドン統計学会が「王立統計学会」に改名。

**ヨーロッパ近代における統計学の発展。**

Part 2
07

# ようやく結びついた「確率」と「統計」
# 近代統計学の父・ケトレー

ロンドン統計学会で特に中心的な役割を務めた**アドルフ・ケトレー**は、非常に多才な人物でした。ベルギーで生まれた彼は、23歳のときに数学の博士号を取得し、その翌年にはイギリスのロイヤル・アカデミー・オブ・アーツ（王立芸術院）のメンバーとして招かれました。その後、天文学の研究を始めた彼は、ベルギーに戻って当時の最新技術を駆使した天文台を建設しました。また、統計学の研究にまで手を広げたケトレーは、ヨーロッパ各地で複数の統計学会を設立しました（ロンドン統計学会は、ケトレーが作った多数の統計学会のひとつでした）。

ケトレーが54歳になったとき、彼はスウェーデン王立科学アカデミーにも招かれました。ケトレーはヨーロッパ中から引っ張りだこの天才だったのです。

ケトレーは「データのばらつき」という概念に着目しました。彼は「自然界のあらゆるデータは**正規分布**に収束する」と考えたのです。

正規分布とは、感覚的に最も自然な〝ばらつき〟のことです。正規分布に従う集団は、平均値に近いところで要素が密集し、平均値から離れるほど要素の数が少なくなります。別の言い方をすれば「平均点が最も多数派であり、平均

## アドルフ・ケトレー
(Lambert Adolphe Jacques Quételet)
1796 - 1874年

ベルギーの統計学者・天文学者。統計的手法を社会行政にも応用し、国勢調査の標準化に貢献。「近代統計学の父」と呼ばれた。

点から離れれば離れるほど人数が少なくなっていく」という状態です。

実際には、「あらゆるデータが正規分布にしたがう」などとは、とても言えません。「できる人とできない人の差がハッキリしている（平均点に近い人が少ない）」という〝ばらつき〟も、たくさん存在します。ケトレーもそれは承知の上で「正規分布至上主義」を貫きました。

ケトレーが正規分布にこだわるようになったきっかけは、１８１０年にフランスの数学者ラプラスによって発表された中心極限定理です。中心極限定理そのものは確率論の中から出てきた法則ですが、ケトレーがこれを初めて統計の世界に応用しました。

人類の歴史の中で、別々に誕生し、別々に発展してきた「確率」と「統計」が、ケトレーの手でひとつに統合されたのです。

Part 2
08

# 白衣の天使はプレゼンテーションの天才だった！
# 統計家としてのナイチンゲール

1858年、ロンドン統計学会（後の王立統計学会）が設立25年周年を迎えました。この年、学会初の女性メンバーが加入しました。彼女こそ、「クリミアの天使」と呼ばれた世界一有名な看護師、**フローレンス・ナイチンゲール**（1820-1910）です。

ナイチンゲールは、クリミア戦争時に就任した野戦病院で「衛生状態の悪化が死亡率の上昇に直結している」という事実を、統計的手法によって突き止めました。「戦争時の兵士の死亡原因は、当然、戦闘の負傷によるものだろう」と誰もが考えていたのですが、ナイチンゲールの円グラフを用いた統計によって「直接的な負傷による戦死よりも、病院での感染症による病死のほうがはるかに多い」という事実が判明したのです。

これを知ったイギリス国民は、たいへんなショックを受けました。最前線の戦死より病院での病死が多いということは、本来は死ななくてよい人が多く亡くなっていることになります。

ナイチンゲールは、「衛生状態を改善すれば、野戦病院での病死率を現在の42％から2％にまで減らせる」と主張しました。そして、実際に病院の環境を改善した結果、（さすがに2％ま

## フローレンス・ナイチンゲール
## （Florence Nightingale）
### 1820 – 1910年

イギリスの看護師・統計学者。クリミア戦争で現地に渡り、傷病兵のために献身。帰国後、看護学校を設立し、看護組織の確立に寄与した。

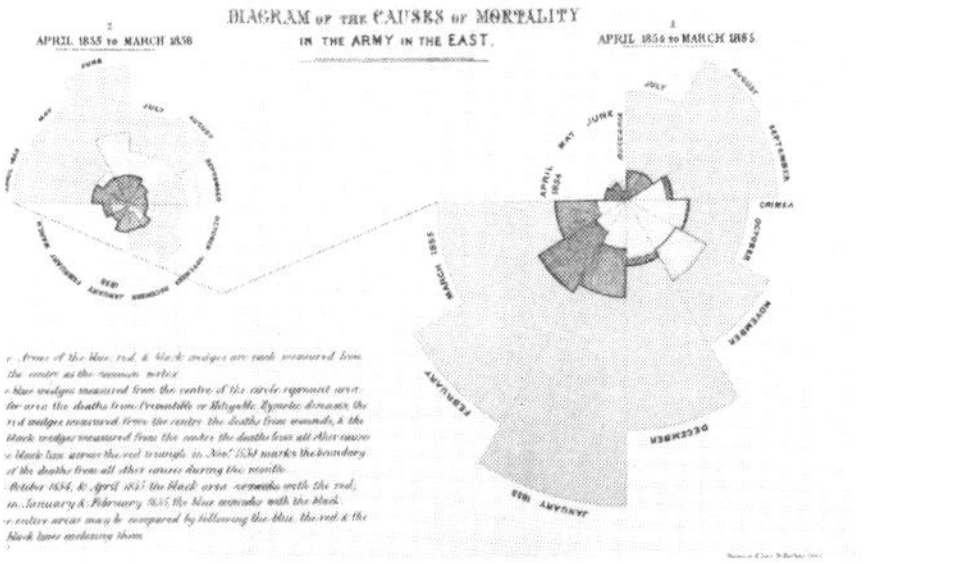


軍隊での死亡原因を表わすためにナイチンゲールが作成した円グラフ（鶏頭図）。この頃から、統計の情報提示方法が洗練されはじめたと言われている。

ではいきませんでしたが）死亡率を5％にまで落とすことに成功しました。

終戦後、ナイチンゲールは野戦病院での業績が認められ、前述のロンドン統計学会に入ることができたのです。

ナイチンゲールは、日本では献身的な看護師として有名ですが、ヨーロッパでは、「統計学の開拓者」としても知られているのです。

彼女は、「数字（統計）を使うことで意見に説得力を持たせる」という手法を確立しました。「**統計データをグラフに表わすことで、わかりやすく見せる**」という方法を開拓したのも彼女です。彼女は統計データを提示することで、自らの「衛生改革」の正当性をアピールし、結果として多額の寄付金を手に入れました。

ナイチンゲールは統計を使ったプレゼンテーションの天才だったのです。

Part 2 09

## 集団の特徴を数字で〝記述〟する
# 記述統計学の完成

統計学はもともと国勢調査（人口調査）の中から生まれてきました。国勢調査の目的は、自国の現状（税収の見込み額や戦争時の兵力）を知ることです。したがって、初期の統計学は「巨大な対象（国全体）の現状を、より詳しく正確に知るための道具」として発展しました。このような統計を「**人口統計学**」または「人口動態学」といいます。〝人口〟という言葉が入っていますが、人間以外の生物全般も研究対象とします。

19世紀になると、前述のケトレーによって、統計と確率が融合しました。「統計を使って現状を知り、確率によって未来を推測する」という手法の登場です。ただし、このアイデアだけは、古くからありました。17世紀の統計学者グラントも、手元の統計を使って未来の人口を予測するレポートを発表しています。

ケトレーは、「過去がこうだったから未来もこうなるだろう」と推測するだけでなく、「その推測が的中する可能性がどれほどか」を客観的に示せるようにした点に功績がありました。この頃から統計学は、「数理統計学」と呼ばれるようになり、数学の一分野と認識されるようになりました（ケトレー以前の統計学は、数学とは異なるジャンルの学問ととらえられていました）。

# カール・ピアソン
(Karl Pearson)
1857 - 1936年

イギリスの数理統計学者・優生学者。記述統計学を完成させた。科学教育に尽力する一方で、優生学を信奉する人種差別主義者としても知られている。

20世紀に入ると、数理統計学は「**記述統計学**」と「**推計統計学**」の大きく2つに分かれました。

記述統計学は、従来の統計学（人口統計学）の研究をそのまま発展させ、数学的理論として完成させたものです。集団全体の性質や特徴を、数字によって正確に表わすことを目的としています。国語辞典に載っている「統計」の意味（集団における個々の要素の分布を調べ、その集団の傾向・性質などを数量的に統一的に明らかにすること）は、厳密には記述統計学を指していることになります。

現代的な理論としての記述統計学を完成させたのは、数学者の**カール・ピアソン**（1857－1936）です。ピアソンは、集団の〝ばらつき〟を定量的に表わす指標として「標準偏差」を考案しました。また、集団の分布を表わす「ヒストグラム」を考案したのもピアソンです。

Part 2
10

## 一部分から全体を〝推計〟する
# 標本調査と「推計統計学」

人口統計学として誕生した統計学は、もともと全数調査を前提として発展しました。しかし、いくら「全数調査」と言っても、国全体を巻き込む国勢調査などでは、必ずデータの取りこぼしや集計ミスが生じます。とはいえ、母集団が大きければ、少しくらい取りこぼしがあっても全体の統計にはほとんど影響しないでしょう。

そんなわけで、初期の統計学者たちは「母集団全体」と「実際に調査対象となった集団」の差異について、あまり深く考えていませんでした。

「標本調査」が登場する直接的なきっかけを作ったのは、おそらく**チャールズ・ダーウィン**（1809‐1882）です。ダーウィンの「進化論」は、大量の生物を観察した結果、完成したものでした。しかし、彼は具体的な統計の形で根拠を示すことができませんでした。もちろん彼の頭の中には、過去の観察の経験にもとづいた統計〝的〟根拠があったのですが、それを客観的に表現する術を持たなかったのです。当時の統計は全数調査が原則でした。統計を使って根拠を示すためには、自然界の生物すべてを調査しなければなりません。でも、それは不可能です。

ダーウィンの進化論は、発表直後から猛烈な反発を受けましたが、次第に支持者も現れるよ

## チャールズ・ダーウィン
## (Charles Robert Darwin)
### 1809 - 1882年

イギリスの生物学者。1859年に『種の起源』を公表して、生物進化についての「自然選択説」を提唱した。

うになってきました。その中には、遺伝学者のフランシス・ゴルトンや進化学者のウォルター・ウェルドンも含まれていました。

ダーウィンの従兄弟だったゴルトンは、進化論に客観的な根拠を与えるために「**相関係数**」を考案しました。相関係数を利用すれば、「Aが大きければ大きいほどBも大きい」といった2つの事象の相関を客観的に示すことができます。

ゴルトンやピアソンとともに進化論の検証を行なっていたウェルドンは、母集団の一部分（標本）だけを利用して統計をとる方法を考案しました。これが後に「標本調査」のアイデアへと発展し、部分（標本）を調べて全体を推定する「**推計統計学**」へと結びついたのです。

いまでは当然のように使われている標本調査ですが、その理論が確立されたのは、20世紀に入ってからでした。

Part 2
11

# ベイズ統計学

## 確率と統計に関する、対立する考え方

もともと国勢調査のような社会調査から発展した統計学は、19世紀になると、単なる集計の手法という枠組みを越えて、「進化」や「遺伝」といった概念を数量的にとらえて検証する科学的手段として応用されはじめました。

専門的になるので本書では深く立ち入りませんが、生物学に統計学が応用された生物統計学、経済学に統計学が応用された計量経済学、IQ測定のような心理統計学など、各研究分野で目覚ましい発展を遂げていきます。

ここで最後に触れておきたいのが、確率論と統計学に関する「ベイズ統計学」です。これはもともと、イギリスの**トーマス・ベイズ**（1702－1761）が示した、ある考え方にもとづくものでしたが、ベイズの死後に発表され、広まりました。

例えば、現実世界でサイコロを振るとき、きれいに1／6の確率で目が出るとは確実には言えません。そのため、確率を知るためにはサンプルをとる（統計をとる）必要があります。では、いっさい統計データがない状態で「確率」を考えるのは、無駄なことなのでしょうか？

たしかに、現実のサイコロの目が確実に1／6の確率で出るとは限りませんが、とりあえず

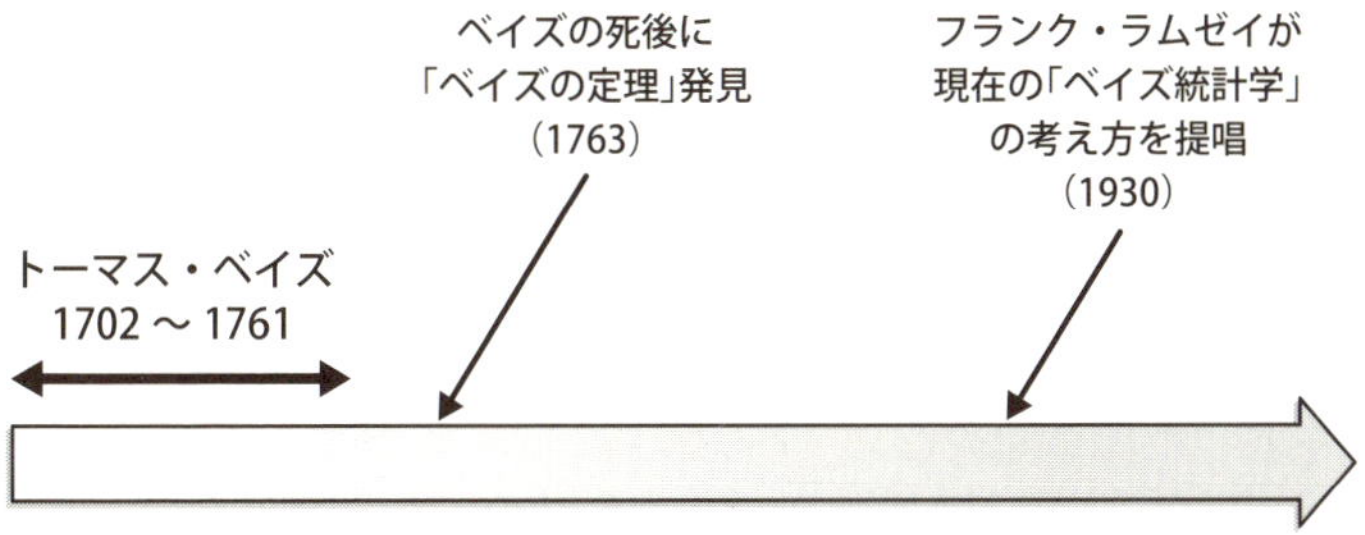
ベイズの死後に
「ベイズの定理」発見
（1763）
フランク・ラムゼイが
現在の「ベイズ統計学」
の考え方を提唱
（1930）
トーマス・ベイズ
1702 ～ 1761

## 死後100年以上たって「ベイズ統計学」が花開いた。

「サイコロの目は1／6ずつ出る」と決めつけて考えても実用上は支障がないことは、私たちにも感覚的にわかるでしょう。これは「主観確率」や「事前確率」と呼ばれます。

あくまでも確率に対する〝考え方〟にすぎないので、批判もあります。というのも、本来の統計学や確率論が前提とする客観的なデータ収集とは異なるものだからです。ロナルド・フィッシャー（1890 - 1962）が牽引した推計統計学では、あくまでもサイコロの目が出る確率は、振ったあとにしかわかりません（「事後確率」）。これはベイズ主義に対して、「頻度主義」と呼ばれます。

この対立する2つの考え方は、いまなお白熱した議論を呼んでいますが、ベイズ統計学は経済学分野のほか、身近なところでは、迷惑メールのフィルタリングにも利用されています。

# Part 3

# 統計の基本用語

Part 3
01

## 統計なくして確率なし
# 確率とは何か？

「確率」と「統計」は、しばしば一括りのセットとして扱われます。読者によっては、高校時代に「確率・統計」という科目で授業を受けた人もいるでしょう。

確率と統計は、なぜセットで扱われるのでしょうか？

2つのジャンルが一括りで扱われる例として、「確率・統計」のほかに「微分・積分」があります。微分と積分は本質的に同じ理論から成立しているので、一括りのセットでも納得できます。「微分したものを積分すると元にもどる」というイメージもわかりやすいでしょう。

でも、確率と統計については、（高校の教科書の範囲だけでは）内容の関連性がはっきりしません。確率の公式を統計に生かせるわけでもないし、統計の知識を確率に生かせるわけでもありません。

では、いったいなぜ、確率と統計はセットで扱われるのでしょうか？

ここで次の問題を考えてみましょう。

**【問題】** サイコロを2個振ったときに、⊡が出る確率を求めなさい。

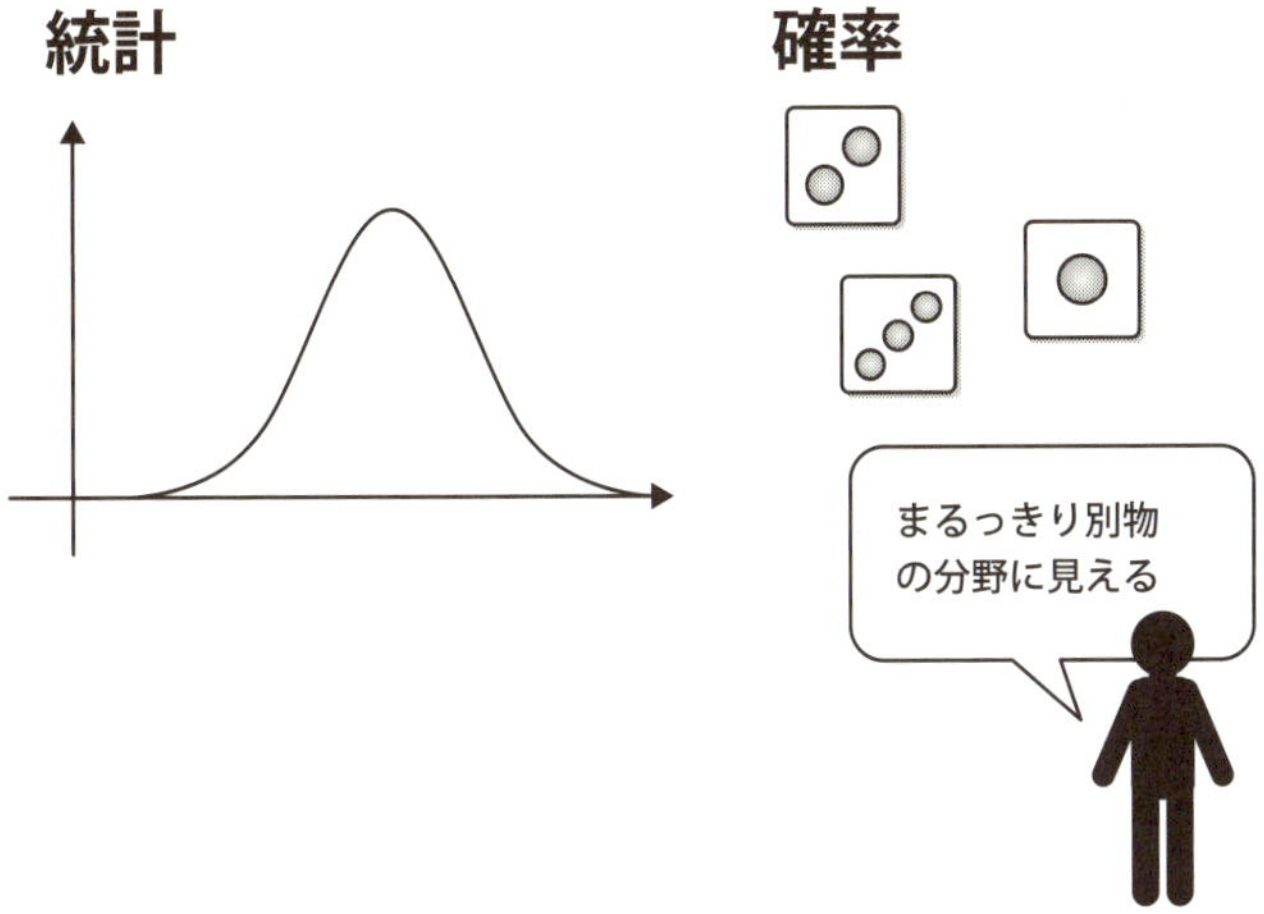


## 確率と統計は、なぜセットで扱われるのか？

この問題の考え方は次のとおりです。

まず、サイコロを1個振ったときの確率を考えます。サイコロを1個振って⚀が出る確率は1／6ですね。

したがって、「問題」のようにサイコロを2個振ったときに⚀⚀が出る確率は、「1／6×1／6＝1／36」となります。

――多くの読者は、このように考えられたと思います（昔に習ったことなので、もう忘れていたという人もいるかもしれませんが……）。

「学校のテストの解答」としては、右記の答えで正解です。でも、本当はもう少しきちんと考える必要がある問題です。

さきほど私は、「サイコロを1個振ったときに⚀が出る確率は1／6です」と、当たり前のように書きました。

でも、なぜこう言えるのでしょう？「1／6」

という数字はどこから出てきたのでしょう？

その問いには、次のように答えられるでしょう。

「サイコロには6つの面がある。だから⚀が出る確率は1／6になる」

でも、そう言い切るためには、「6つの面がすべて同じ確率で出る」と断言できる必要があります。

本来、「6つの面がすべて同じ確率で出るかどうか」は、きちんと検証しなければいけないことです。そのために、このサイコロを実際に何度も振ってみて、どの目が何回出たかを正確に記録します。そして「実際に出た目」の割合を調べます。「このサイコロは、⚀が出る確率がいくら、⚁が出る確率がいくら、⚂が出る確率がいくら……」と、ひとつひとつ明らかにしていくのです。


「そんな当たり前のことを、わざわざ調べるのはバカらしい」と思うかもしれませんが、本来はこういう検証をきちんとやる必要があるのです。

確かに、普通のサイコロならば、すべての面が「ほぼ1／6」の割合で出るでしょう。しかし、「完全にぴったり1／6ずつ」になるかはわかりません。むしろ、「現実のサイコロのすべての面が、ぴったり1／6の確率で出る」ということは、まずないでしょう。現実のサイコロは、微妙な重心のズレもあれば、目に見えないほど細かいキズもあります。それらが確率に微妙な影響を与えるからです。

こうして「サイコロの目が出る確率」を調べるプロセスが、まさに「統計」なのです。

**統計は「過去にサイコロを振って出た目の実績」を表わす数字です。確率は「未来にサイコ**

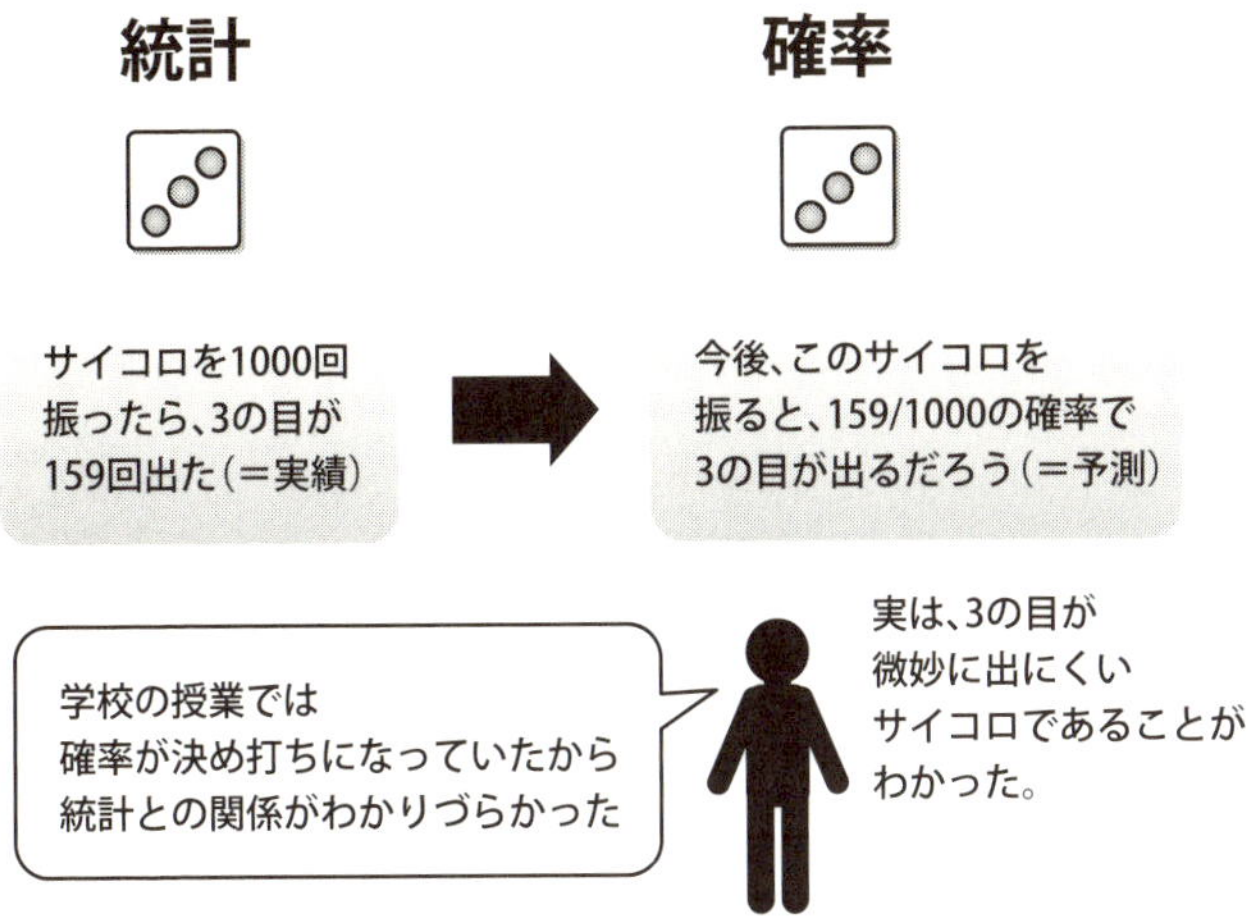
統計
確率
サイコロを1000回
振ったら、3の目が
159回出た（＝実績）
今後、このサイコロを
振ると、159/1000の確率で
3の目が出るだろう（＝予測）
学校の授業では
確率が決め打ちになっていたから
統計との関係がわかりづらかった
実は、3の目が
微妙に出にくい
サイコロであることが
わかった。

## 統計で実績を表わし、確率で未来を予測する。

**口を振ったときに出る目の予想」を表わす数字です。**

「このサイコロの過去の実績について統計をとると、このような性質がわかった。したがって、今後このサイコロを振ると、こういう確率で目が出ると予想できる」

——これが、確率と統計の関係です。

ところが、中学・高校の授業で習う確率では「サイコロの過去の実績」の検証を省略しています。「そこは統計の守備範囲なので確率では勉強しませんよ」と言っているだけなのですが、これによって確率と統計の密接な関係が、外から見えにくくなっているのです。

中学・高校の確率の授業では、すべての目がちょうど1／6の確率で出る「特別仕様の理想的なサイコロ」を使っていると解釈すれば、しっくりくるでしょう。

Part 3 02

# 標本

## 木を見て森の全体を知る

標本調査は、「母集団の一部分を調べるだけで、母集団全体の傾向や特徴を知るための方法」です（☞第1章03参照）。

例えば、母集団に含まれる要素の数が多すぎる場合や、ひとつひとつの要素を調べるコストが高すぎる場合、全数調査（母集団すべてを調べ尽くす方法）が使えません。そんなときには、標本調査を使えば、効率よく統計をとることができます。

くどいようですが、標本調査では母集団の一部分だけを調査します。「標本調査で調べる一部分」と「実際には調べなかったほかの部分」は、厳密に言うと別々の集合です。でも、両者はもともと同じ母集団に属している以上、この両者はほぼ似たような性質だろうと「期待」できます。

だから、（いくらか誤差は出るかもしれないけれど）一部分の標本を調べるだけで、全体の性質もだいたいわかるだろう——と考えるのです。こういうちょっとアバウトな考え方が、「標本調査」の基本です。

**標本調査を行なうために母集団から取り出された「一部分」のことを、「標本」と呼びます**（標本の特徴を調べるから「標本調査」というわけです）。

**【例】** 箱の中に、たくさんのボールが入っている。ボールの色は、「赤」「緑」「青」のいずれか。いま、「箱の中に、どの色のボールがどれくらいの割合で入っているのか」を明らかにしたい。

もちろん、箱の中のボールを色別に分類して、すべて数え上げれば答えはわかる。しかし、ぱっと見ただけでも、箱の中には数千個のボールが入っているようだ。全部を数えるのはたいへんだろう。そこで「標本調査」によって、統計をとることにした。

まず、「標本」として箱の中からボールを100個取り出した。その100個を「赤」「緑」「青」に分類した上で、それぞれの数を数えてみると、「赤：10個」「緑：20個」「青：70個」だった。

したがって、箱の中に入っているボール全体の構成は、おおよそ赤が1／10、緑が1／5、青が7／10であるとわかった。

これは、標本調査の典型的な例です。

この例では、「標本」として、100個のボールを選びました。本来なら、この「100個」という数字が妥当かどうかを、十分に検討する必要があります。

標本が5個とか10個では、おそらく少なすぎるでしょう。その程度の数字では、選んだボールがすべて同じ色になってしまう可能性すらあります。標本の数は、多ければ多いほど、結果が正確になります。

とはいえ、標本が多すぎるのも考えものです。

「箱の中にボールを10個だけ残し、それ以外をすべて標本として調査する」ということであれば、もはや「標本調査」とする意味がありません。残りの10個も数えて「全数調査」としたほうがましです。

標本の数が少ないと、結果の精度が劣りますが、コスト（調査にかかる手間）が少なくすむのがメリットです。

標本の数が多いと、より正確な結果が期待できるメリットはありますが、それだけコストが高くなります。つまり、標本の数を決める際には、精度とコストのトレードオフを考え、バランスをとることが大切なのです。

## ❖標本調査と確率

統計は過去を分析するための道具であり、確率は未来を予測するための道具である――。本書では、このように説明しました（☞第3章01参照）。

過去から未来へ向かう時間の流れを考えたとき、「過去に統計があって、未来に確率がある」ということです。

しかし標本調査の場合、もう少し違う観点から、確率と統計の関係を説明できます。

標本調査の場合、まずは母集団から選ばれた「標本」だけを分析し、統計をとります。その統計（標本から導いた数字）によって、母集団全体の特徴が「確率」で表現されるのです。

さきほどのボールの例で考えてみましょう。「箱に入ったボール」という母集団から100個の標本を選び、色別にボールを数えてみたところ、構成比は、赤が1／10、緑が1／5、青が7／10であるとわかった。

――ここまでが「統計」です。

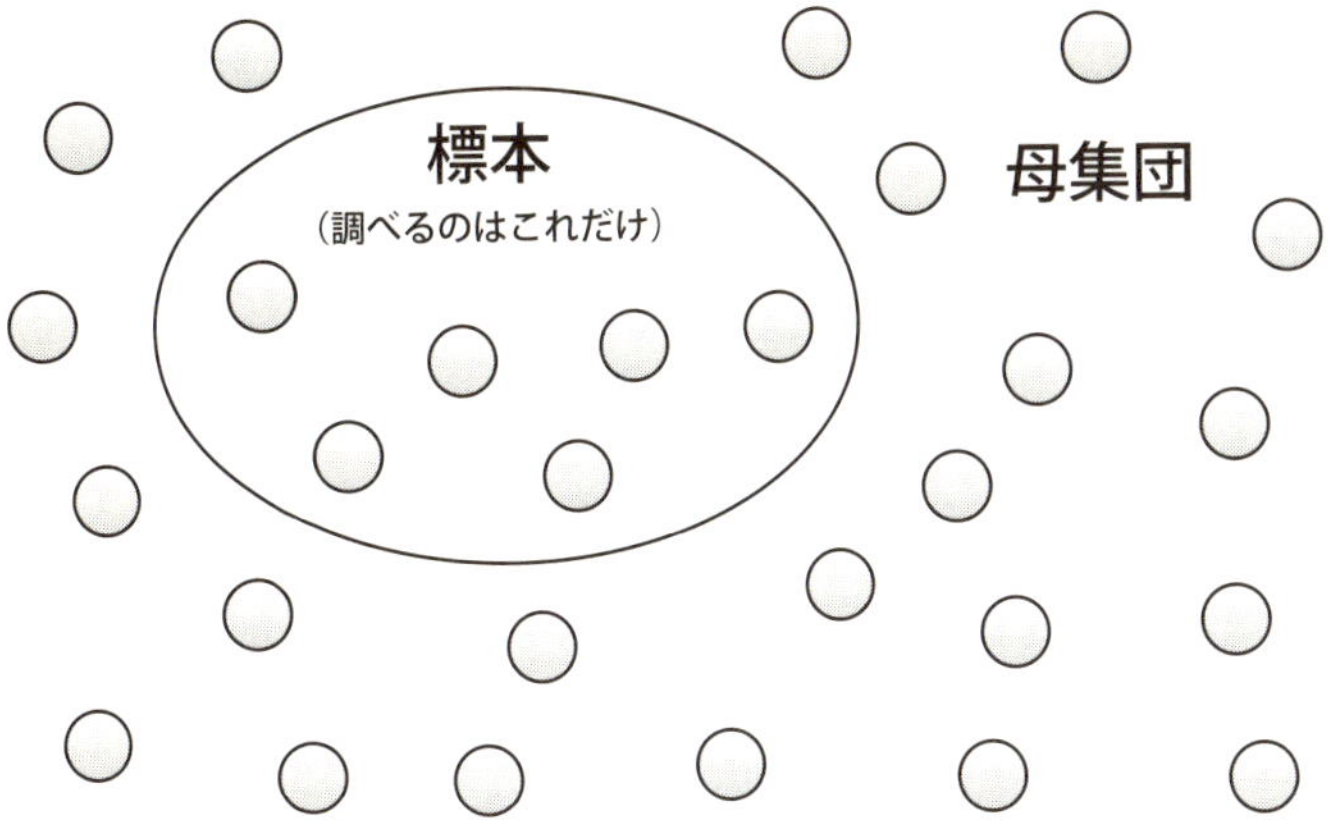


## 「標本調査」では、母集団の一部分だけを調べる。

そこで、おもむろに目をつぶって箱の中から「標本として選ばれなかったボール」をひとつ取ってくると、そのボールが赤い「確率」は1／10であり、緑の「確率」は1／5であり、青い「確率」は7／10であると考えられる。

――これが「確率」です。

標本から導いた「統計」にもとづいて、母集団全体の特徴が「確率」で表わされるのです。

「時間の流れの中の確率・統計」と「標本調査における確率・統計」をまとめると、結局、次のように言えるでしょう。

「**いままでに見たことがあるもの（標本&過去）の『統計』をとり、まだ見たことがないもの（標本に選ばれなかったもの&未来）を『確率』によって推測する**」

どうでしょう？　かなりすっきりしたのではないでしょうか。

Part 3 03

# ランダム

## 「めちゃくちゃ」は思った以上に難しい？

「**ランダム**」とは、簡単に言って「めちゃくちゃ」という意味です。

例えば「コインを投げたときに表が出るか裏が出るか」は、ランダムの世界です。次にコインを投げたときに、表が出るか裏が出るかを「正確に」予想するのは不可能です。

コインを投げた結果を「表裏表裏裏裏表裏表表表……」などと記録してくと、その並び方はランダムになります。仮にコインの形がゆがんでいて、「表のほうが微妙に出やすい」と判明していたとしても、「次にコインを投げてどちらが出るか」を正確に予想できるわけではありません。確率が偏《かたよ》っていても、ランダムはやはりランダムです。

「サイコロを振ったらどの目が出るか」「トランプを切って1枚ひいたときに何が出るか」もランダムです。

「いま使っている携帯電話がいつ壊れるか」も、ほぼランダムです。「使い方が荒ければ早く壊れる可能性が高い」といった傾向はあるでしょうが、「目の前の携帯電話がいつ壊れるか」を正確に予想できるわけではありません。

こうした例を見るまでもなく、世の中はランダムであふれているのです。

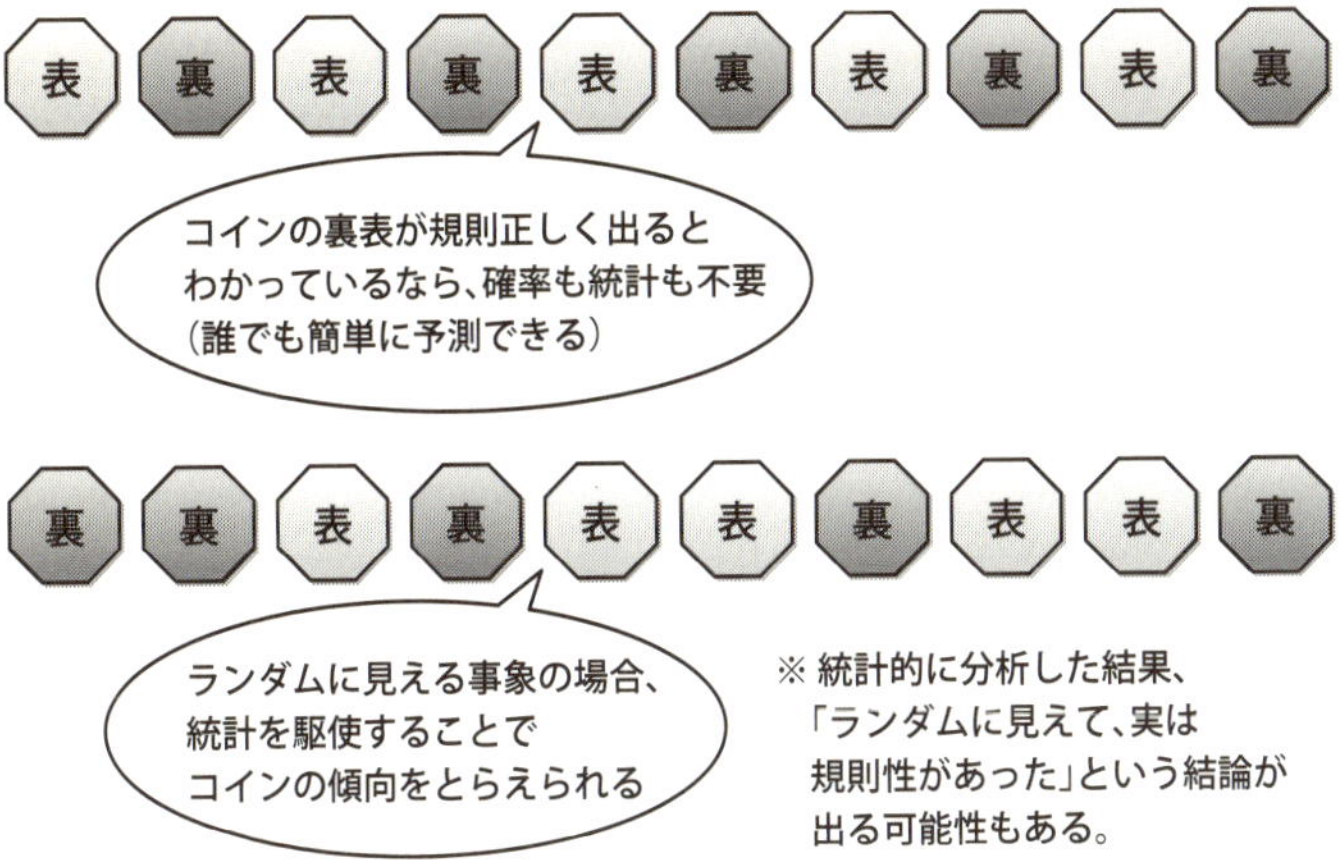
表
裏
表
裏
表
裏
表
裏
表
裏
コインの裏表が規則正しく出ると
わかっているなら、確率も統計も不要
(誰でも簡単に予測できる)
裏
裏
表
裏
表
表
裏
表
表
裏
ランダムに見える事象の場合、
統計を駆使することで
コインの傾向をとらえられる
※ 統計的に分析した結果、
「ランダムに見えて、実は
規則性があった」という結論が
出る可能性もある。

## ランダムな世界でこそ統計を利用する意味がある。

**【問題】** いまここに、「確実に交互の順で表と裏が出るコイン」があったとします。
このコインの結果はランダムと言えるでしょうか?

このコインを投げた結果を記録して、「統計」をとったらどうなるでしょう?

表と裏が確実に交互に出る以上、たくさんコインを投げて統計をとれば「表が1/2の確率で、裏も1/2の確率で出る」と言えそうです。

しかし、これを「確率」と呼んでよいのでしょうか?

コイン投げの直前の結果を覚えていれば、その次の結果は確実に予想できます。つまり、結果は100%確実に予想できるのです。いちおう、「表が1/2の確率で、裏が1/2の確率で出る」と言っても間違いじゃないでしょうが、次に何が出るか確実にわかっているのに、わざわざ「確率」を持ち出す意味はないでしょう。

普通の世界はランダムに支配されているからこそ「確率」を使う意味があるのです。

## ❖ 統計でのランダム

「標本調査」を使って統計をとるときは、母集団からいくつかの標本を選び、その標本に対して調査を行ないます（☞第3章02参照）。

標本調査において、この「標本の選び方」がたいへん重要です。

標本調査では、標本（母集団の一部）のみを調べるので、偏った標本を選んでしまうと、出てきた統計もおかしくなってしまいます。

したがって、標本調査を行なうときには、「母集団から標本をランダムに（偏りが出ないようめちゃくちゃに）選ぶ」ことが重要です。


ところがこの「ランダム」を人為的に作り出すことが、たいへん難しい。

例えば、何らかの統計をとるため「女性にアンケートをとる」というケースを考えましょう。

統計の母集団は「女性全体」ですが、さすがに地球上の全女性にアンケートをとるのは不可能です。「日本人の女性のみ」を母集団と考えても、やはり全数調査は難しいでしょう。したがって、何人かの女性（標本）を「ランダムに」選んで、標本調査を行なうことになります。

そのために、人通りが多い駅前でアンケートをとったとしましょう。駅前をどんな女性が通るかは予想できませんから、適当に目についた女性にアンケートをとれば、「ランダムに選んだ標本」による統計がとれるはず、と思えます。

……しかし、本当にそうでしょうか？

駅前でつかまる女性は、当然その駅周辺に用

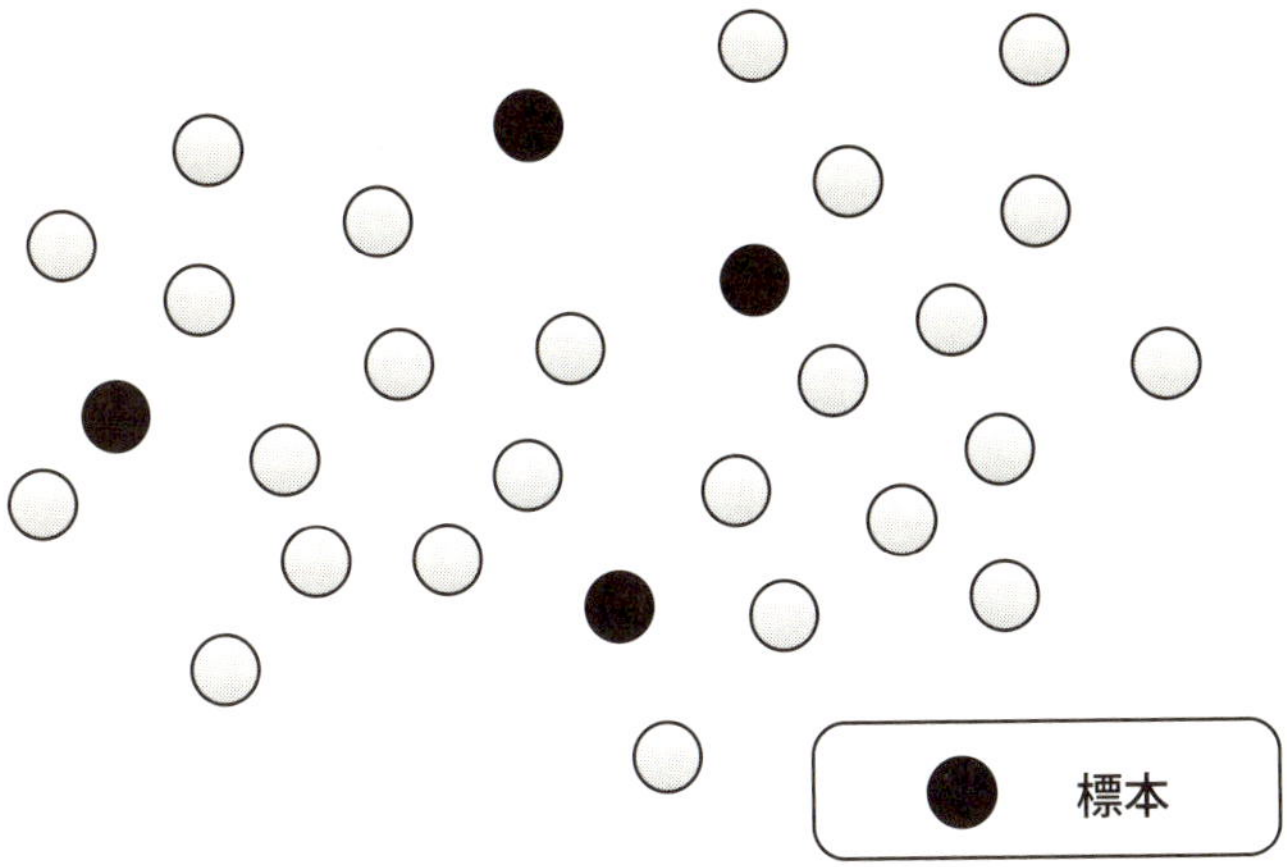


## 「ランダム」によって、偏りなく標本を選ぶことが必要。

事がある人だけです。地域的にかなり偏っていることは明らかです。

また、老人や足の不自由な女性は、駅前ではつかまりにくいかもしれません。家から一歩も出ずにゲームばかりしているような女性も、駅前ではつかまらないでしょう。「駅前で適当にアンケート」という方法では、「偏りのない統計」はとても期待できません。

ここが「標本調査」の難しいところです。信頼性の高い統計をとるためには、「絶対に偏りのない、完全にランダムな標本の選び方」を考えなければなりません。

しかし、人間が「完全なランダム」を作ることはほぼ不可能です。不可能ではあるのですが、それでもできるだけランダムで公平な標本の選び方をするために、さまざまな工夫が編み出されています。

Part 3

04

# 抽出

## 選抜のメンバー次第で結果も変わる

ある集団（母集団）の統計をとろうとするとき、母集団のすべてを調査する「全数調査」と、母集団の一部分だけを調査する「標本調査」があります。

結果の正確さを追求したいなら全数調査するしかありません。しかし現実にはコストの問題などもあるので、母集団の一部分のみを調べる「標本調査」がよく利用されます。

**「標本調査を行なう際に、母集団から標本を選ぶ」**ことを「**抽出**」といいます。

標本調査を行なうときは、原則として、母集団からランダムに標本を抽出する必要があります（☞第3章03参照）。

標本調査では、あくまで「標本をランダムに抽出する」ことが原則です。しかし前項で述べたように、これがかなり難しい。

また、場合によってはあえて規則性のある「抽出」を行なったほうが、良い統計を得られることがあります。

例えば、工場で製品の品質チェックを行なう場面を考えます。

工場で不良品が出るときは、「不良品が出やすい要因」がどこかに存在するものです。

ひょっとして、工場内にいくつかあるライン

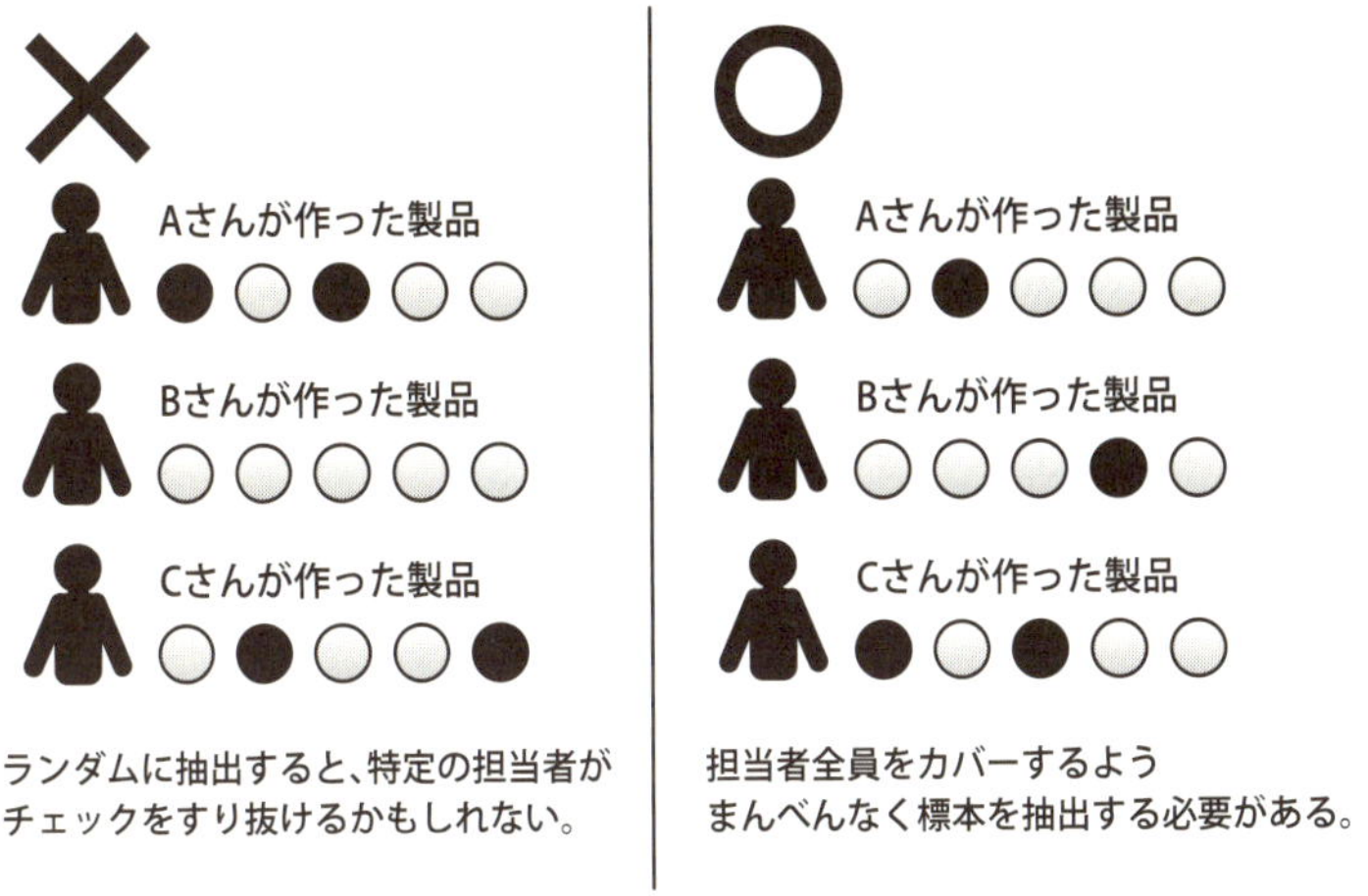
×
Aさんが作った製品
Bさんが作った製品
Cさんが作った製品
ランダムに抽出すると、特定の担当者がチェックをすり抜けるかもしれない。
○
Aさんが作った製品
Bさんが作った製品
Cさんが作った製品
担当者全員をカバーするようまんべんなく標本を抽出する必要がある。

## 完全にランダムな標本抽出では都合が悪いこともある。

のひとつが、故障したのかもしれません。故障や不具合のせいで、特定のラインが「不良品の根源」となっている可能性は、十分にあるでしょう。

もしも、そういう可能性が考えられるなら、製品の品質チェックのための標本は、すべてのラインからまんべんなく抽出すべきです。完全にランダムに抽出してしまうと、「不良品の出やすいラインに限って、まったく標本が選ばれない（その結果、不良品が見逃されてしまう）」という可能性も考えられるからです。

また、「不良品を出しやすい作業担当者」がいるかもしれません。注意力が足らず、他人より多くのミスをしてしまう人が、他人より多くの不良品を生み出している可能性があります。したがって、作業担当者全員から、まんべんなく標本を抽出すべきです。

さらに、製品の原料を複数の会社から仕入れている場合、中には「不良品の出やすい、低品質の原料」があるかもしれません。「季節（気温）による不良品の出やすさ」や「時間帯による不良品の出やすさ」といった偏《かたよ》りがあるかもしれません。

工場で品質チェックを行なう際には、そうした要因をすべて考慮して、「あらゆる切り口から、まんべんなく標本を抽出する」といった考え方が必要になります。完全なランダムではなく、ある程度は意図的に標本を抽出したほうがよいこともあるのです。

## ❖ 人間相手の抽出は要注意

標本調査を行なう場合、「標本の選び方によって統計（結果）が変わるとすれば、どんな要因が考えられるのか」「母集団に偏りがあるとすれば、どういう理由で偏っているのか」を、いつも気にしておく必要があります。

母集団に明白な偏りがあることがあらかじめわかっているなら、完全なランダムではなく「意図的に標本を抽出する」という操作をしたほうがよいでしょう。

さきほど紹介した「工場の品質チェック」は、標本の抽出方法が比較的わかりやすい例といえます。なぜなら、工場の製品は嘘をつかないからです。

ところが、人間は、しばしば嘘をつく生き物です。したがって、人間相手にアンケート調査を行なう際には「嘘による偏り」といった要素まで、考慮しなければなりません。

街角のインタビューで年収を聞かれた場合、見栄を張って実態よりも高い金額を言う人が多いかもしれません。もしそうであれば、インタ

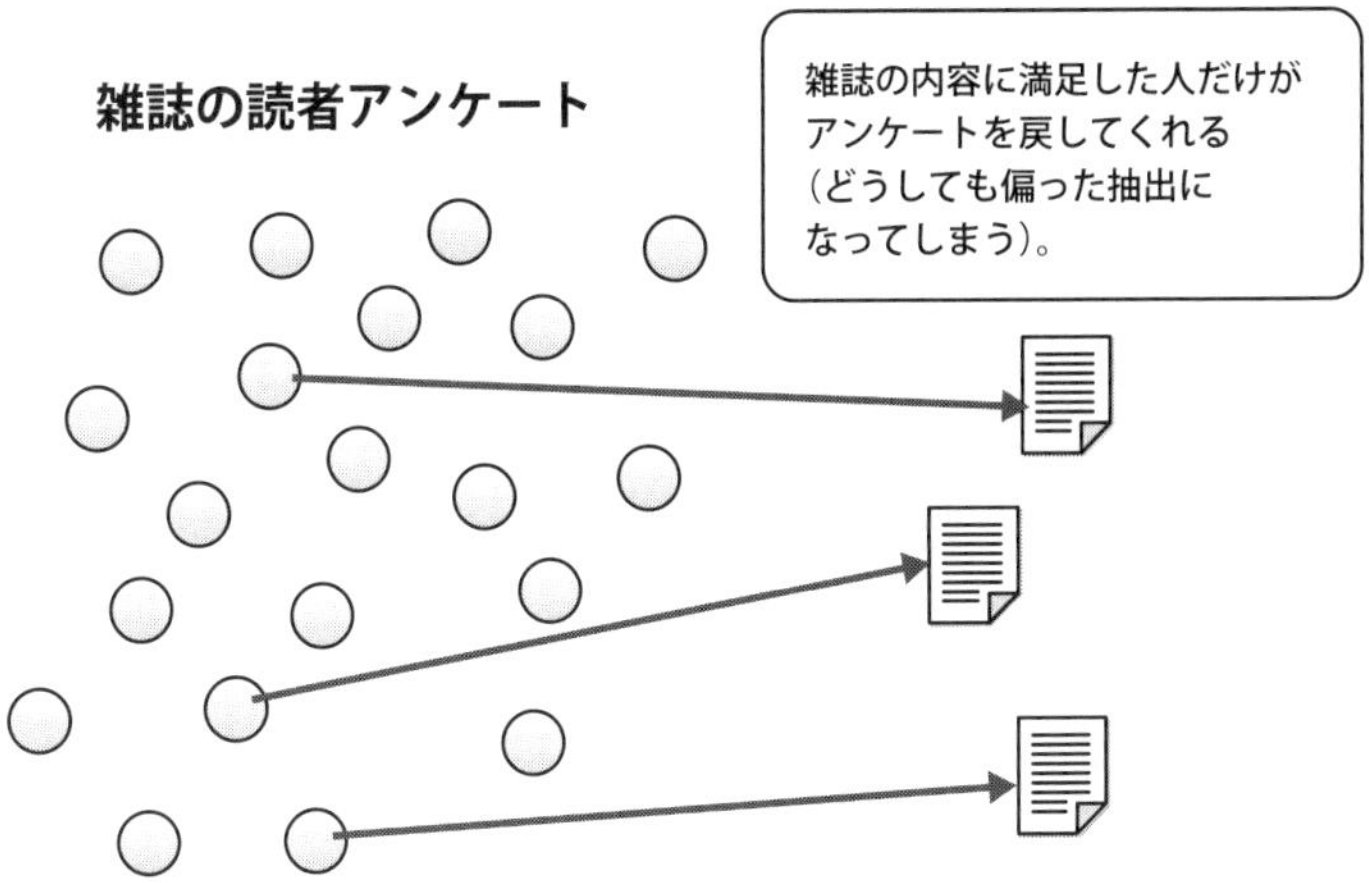
雑誌の読者アンケート
雑誌の内容に満足した人だけがアンケートを戻してくれる（どうしても偏った抽出になってしまう）。

## 見えない部分で「抽出」が偏ってしまう場合がある。

ビュー結果をそのまま集計した「統計」は、実態からかけ離れていることになります。

ただ、「街頭インタビューは、人が直接対面するので見栄を張ってしまう」という考え方もあります。ならば、雑誌のアンケートハガキなどの媒体を使えば、人間の見栄による嘘や偏りを排除できるのでしょうか？

しかし、これはこれで「雑誌のアンケートハガキを出す人は、雑誌の内容にそこそこ満足した人だけ」ということも考えられます。

雑誌の内容に不満を感じた人なら、「自分で切手を買ってまでハガキを出すなんてバカらしい」と思うでしょう。その場合、アンケートが戻ってきた時点で、標本が偏っていることになります。

人間の場合、「アンケート」という調査方法自体が、統計の結果をくるわせるのです。

Part 3 05

# 平均値

## 「平均」は「真ん中」ではない！

**平均値**は、統計の中で最も代表的な指標です。日常の会話では、「統計をとる」という言葉が「平均をとる」という意味で使われていることも少なくありません。それほど「平均値」は重要な指標です。

では、「クラスの英語のテストの平均点は68点だった」と聞いたとき、そこから何がわかるでしょうか？

まず、この平均点の数字は、そのクラスの人でなければ意味がありません。他のクラスの人や、そもそも学校に行っていない人にとっては、意味のない数字です。実際にこのテストを受けた人が、平均点と自分の点を比べて、喜んだり悲しんだりする。そこで初めて、「平均点（平均値）」の意味が出てくるのです。

ところで皆さんは、「平均値」にどのようなイメージを持っているでしょうか？

「クラスの英語のテストの平均点は68点だった」と聞けば、「もしも68点をとった人がいたら、その人はクラスのちょうど真ん中の順位になる」、「68点に近い点数をとった人の数が多そうだ」といったイメージを持つのではないでしょうか。「クラスの英語のテストの平均点」であれば、おそらくそのイメージは当たっています。しかし、

**英語の期末テスト**

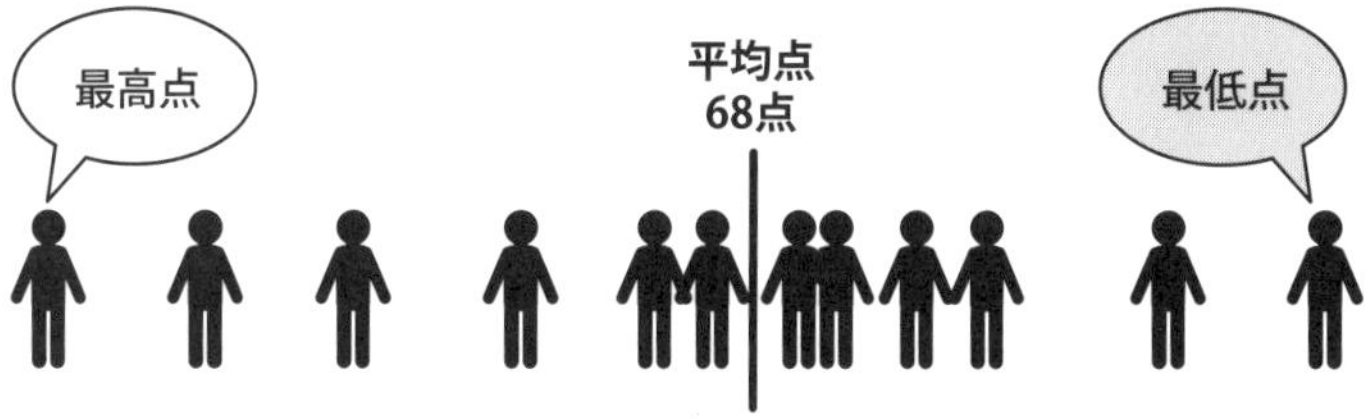


・「平均点未満の人」と「平均点より上の人」の人数がほぼ同じ。
・「平均点から離れた人」より「平均点に近い人」のほうが多い。

## 「平均値」の一般的なイメージ。

「クラスの数学のテストの平均点は68点だった」という話であれば、少し事情は違うでしょう。「もしも68点をとった人がいたら、その人はクラスのちょうど真ん中の順位だ」というイメージは、数学でもそのまま当たっているでしょうが、「68点前後をとった人の数が多そうだ」というイメージは、おそらく正しくありません。

なぜなら数学は、英語と違って「わかる人」と「わからない人」の差がはげしい教科だからです。わからない間はいくら勉強してもわからない。ところが、理解した瞬間、急に得点が伸びる。数学の勉強は、そんな性質があります。

ということは、数学の平均点が68点だったとして、68点に近い得点をとった人は、おそらく少ないのです。「一気にすべて理解した高得点のグループ」と「いくら勉強してもわからなくて困っている低得点のグループ」に、だいたい二分されるでしょう。

そうすると、「平均点に近い得点をとった人が多そう」というイメージは、必ずしも当たっていないことになります。

## ❖ほとんどの人は平均年収未満？

学校のテストではなく、年収の場合はどうでしょう？

ここ数年、日本のサラリーマンの平均年収は410万円前後で推移しているそうです。「昔に比べ、不景気でずいぶん安くなったな」と感じる人も多いでしょう。その一方で、現在の若い人たちは「意外と高い給料をもらっている人も多いんだな」と感じるかもしれません。もし、「410万円」と聞いて「意外と高い」と感じたなら、「自分の周りの人々はそんなにもらっていない」と、日頃から実感している証拠でしょう。

学校のテストの平均点であれば、「平均点ちょうどの人は、クラスのちょうど真ん中の順位になる」というイメージはほぼ当たっています。

しかし、年収の話になると、「平均年収ジャストの人は、日本の年収ランキングでちょうど真ん中の順位になる」とは、おそらく言えません。「日本の年収ランキングでちょうど真ん中の順位」の人は、「410万円」よりかなり低い年収になるはずです。その理由を簡単に言うと、「高い側の年収は天井知らずだが、低い側の年収は最低でも0までだから」です。

いま日本に、最も年収の低いサラリーマン（年収0円）がひとり増えたとしましょう。その場合、「日本のサラリーマンの平均年収」は、微妙に下がります。下がる幅は、「410万円÷日本のサラリーマンの全人数」といったところでしょう。しかし逆に、「日本で最も年収の高いサ

年収ランキング

年収が高い側は
天井知らず
年収が低い側は
ゼロが下限

## 一般的なイメージどおりにならない「平均値」。

ラリーマン」がひとり増えるとどうなるでしょう？　その場合、日本のサラリーマンの平均年収は、微妙に上がります。上がる幅は「（日本最高の年収－410万円）÷日本のサラリーマンの全人数」です。

サラリーマンとして日本最高の年収がどれくらいか想像もつきませんが、億より上であることは間違いありません。

つまり、「最低年収がひとり増えても、410万円ぶんしか平均の足をひっぱらないが、最高年収がひとり増えたら、ウン億円ぶんも平均を引き上げる」と言えるのです。平均年収の数字は、「高い年収をもらっているごく少数の人々が、平均値を引っ張り上げている」という状態にあります。「自分の周りは、平均年収に届かない人のほうが圧倒的に多い」と感じるかもしれませんが、それは当然なのです。

Part 3
06

# 中央値
## 「ちょうど真ん中」も知っておこう

「**中央値**」は「平均値」の弱点を補う概念です。

前項で述べたように、「平均値」と聞けば、どうしても「その母集団の中でちょうど真ん中の順位」をイメージしてしまいます。

ほとんどの場合は、そのイメージどおりの解釈でかまいません。が、母集団の中に「異常に大きな値（または異常に小さな値）を持つ要素」が含まれていた場合、平均値はイメージとかけ離れた数値になってしまいます。

そこで、平均値のかわりに「**その母集団の中でちょうど真ん中の順位**」を、そのままズバリ統計に使ってしまおう！……という考え方が出てきました。そこで登場したのが「中央値」で、次のような方法で出すことができます。

①母集団のランキング表をつくる。つまり、母集団に含まれる要素を、値の大きな順に並べる。
②そのランキング表から、「ちょうど真ん中の順位の要素」を取り出す。
③その要素の持つ値を「中央値」として採用する。

「平均値」の場合、母集団に含まれる値をすべ

**年収ランキング**

年収が高い側は
天井知らず
平均値
中央値
年収が低い側は
ゼロが下限


・中央値は、ランキングのみで決まる。
・桁外れな年収額は、中央値に反映されない。

## 「中央値」は、ちょうど真ん中の順位を表わす。

て使って算出します。「中央値」の場合、「ちょうど真ん中の順位の値」のみを採用します。

ある母集団の平均値と中央値が「完全に同じ値」になることは滅多にありません。計算方法がまったく異なるので、当然です。とはいえ、多くの場合は、平均値と中央値が〝だいたい同じような値〟になるでしょう。

しかし、「年収の統計」といった例では、平均値と中央値に大きな開きが出ます。そのようなケースでは、平均値より中央値のほうが「より実態に合っている」と言えることが多いです（逆に、中央値より平均値のほうが「より実態に合っている」と言えるケースも、当然ありえます）。

平均値と中央値の使い分けについては、それなりに指針があります。それを次項以降で見ていきましょう。

Part 3
07

# 極端なデータにふりまわされる 平均値の弱点

平均値には平均値の良さが、中央値には中央値の良さがあります。ここで問題になってくるのは、「**平均値と中央値の差が開いていたとき、どちらを採用すればよいのか**」というものです。

純粋な数学として考えるならば、「平均値のほうがより正しい」とか「中央値のほうがより正しい」といった判断は、そもそも不可能です。

平均値はあくまで平均値。中央値はあくまで中央値。それぞれ定義の異なる別々のモノである――というのが、(学問としての)数学の考え方です。しかし、私たちが統計を利用する上で重要なのは、学問上の解釈ではありません。

平均値と中央値のどちらがより「実態」を表わしているかが大事です。

ところで「実態」とは何でしょうか? 何をもって「実態を表わしている」と判断すればよいのでしょうか?

「ある統計が実態に合っているかどうか」を究極まで突き詰めると、結局、人間の主観で決めるしかありません。しかしだからといって、最初から主観〝だけ〟に頼って、「僕が実態に合っていないと思ったから、この平均値は実態を表わしていないんだ」と決めつけてよいのでしょうか?

## ❖平均値は「実態」を表わすのか？

平均値が「ちょうど真ん中の順位（中央値）」からズレてしまうケースでは、ちゃんと理由がありました。例えば、平均年収が意外に高い金額になってしまうのは、「すごく高い年収をもらっている少数の人々」が、全体の平均値を引き上げていることが原因です（☞第3章05参照）。

そこで、「すごく高い年収をもらっている少数の人々」の影響力がどれほどになるのか、実際に数字を使って計算してみましょう。

**【問題】** 20XX年、大リーグを引退したイチローは、日本のとある村に引っ越してきました。それまで全1000世帯で構成されていた村は、平均世帯年収がちょうど400万円でした。イチローは、野球の現役を引退したとはいえ、タレント活動やスポンサー契約による収入が年間10億円にのぼります。

イチローの転入により全1001世帯となった村は、平均世帯年収がどう変化するでしょうか？

まず単純に、イチロー転入後の村の全世帯の年収を合計します。

400万×1000＋10億＝50億（円）

ここでは「（イチローを除いた）1000世帯の年収はすべて均一で400万円」と考えています。現実にはありえませんが、「平均値を使えばこのように考えることもできる」というのが便利なところです。計算する上で、個々の世帯の正確な年収を知る必要はないのです。

次に、50億円を、1001（イチロー転入後の世帯数）で割ります。

50億÷1001＝約499万5000(円)

たったひとりの転入により、村全体の平均年収が100万円近くも増えてしまいました。

## ❖「極端な値」を含む

はたしてこの499万5000円という数値は、「実態に合っている」と言えるでしょうか？

ここでもう一度、基本に立ち返って、「統計」の意味を思い出してみましょう。

「統計」とは本来、集団の傾向・性質などを明らかにすることでした。であれば、たったひとりの住民の力だけで100万円近くも上乗せされた〝平均値〟を、「集団の傾向・性質」と呼ぶのは少し無理がある気がします。

イチローが引っ越してきたところで、既存の村人の生活に直接的な変化はないでしょう。にも関わらず、うわべの平均年収がアップしたのですから、外部の人の目からは「あそこの村の人びとはいい暮らしをしているようだ」と見えてしまいます。これは「実態に合っていない」と言わざるをえません。

この例でわかるように、平均値という指標は、母集団にひとつでも異常な値が混入してしまうと、その影響をモロに受けてしまいます。異常な値に影響された平均値は、実態に合わない数字を叩き出します。

したがって、「平均値がちゃんと実態を表わすかどうか」を判断するためには、「母集団の

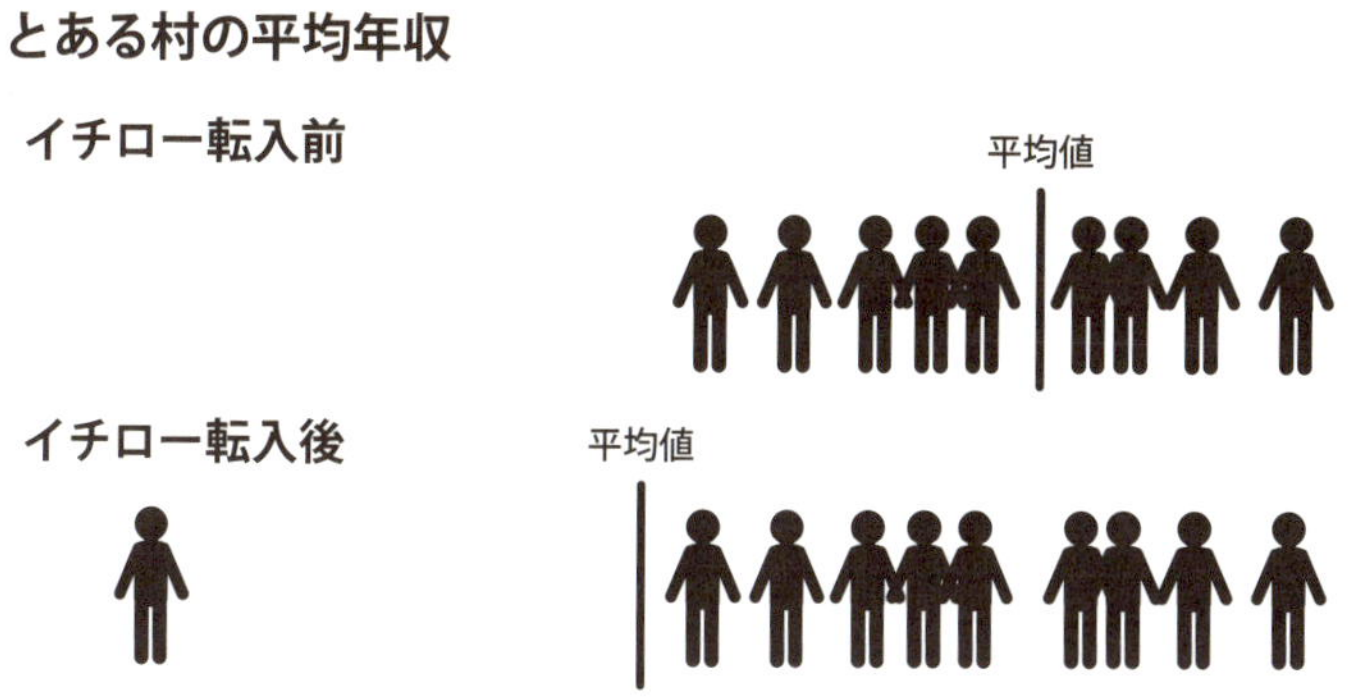


「異常な値」の追加によって平均値が大きく変化するケースでは、そもそも平均値を使わないほうがよい。

## ❖「異常な値」によって平均値が大幅に変化するか？

1位（または最下位）に「**極端な値**」を追加できるかどうか」を検討してみるのが一法です。

「学校の期末テストの点数」は、最大限に極端な値をとったとしても、0点から100点の間に限られます。「身長」や「体重」が、いくら極端な値をとったとしても、（同じ年齢なら）何倍もの差がつくことはないでしょう。これらのデータについては、平均値を使えばそれなりに実態どおりになると思われます。

「年収」は、高い側でかなり極端な金額が考えられます。「車の年間の走行距離」や「駅の乗降客数」といったデータも、1位はものすごく極端な値が出てしまうかもしれません。これらの統計に平均値を使うときは注意が必要です（実際に統計をとってみないと何とも言えませんが）。こうしたデータを扱うときは、「中央値」の利用も視野に入れましょう。

Part 3
08

## 数とばらつきに左右されがち
# 中央値の弱点

平均値は、統計の世界で最もよく利用される指標ですが、「極端な値の影響をモロに受けやすい」という弱点があります。

したがって、「極端な値」が含まれる可能性がある場合は、平均値を鵜呑《うの》みにしないほうがいいでしょう。

「じゃあ余計なことは考えず、常に中央値を使うようにすればいいんじゃないか」と思うかもしれませんが、中央値は中央値でやはり弱点があるのです。

ここでは、「中央値が使えない（使いにくい）ケース」について紹介しましょう。

---

**【例】** コインを投げたとき、表が出る確率と裏が出る確率は等しいはずである。ところが、いま手元にある2枚のコインは、いずれも表が出やすい気がする。

そこで、これらのコインを繰り返し投げて、どちらの面がどれだけ出たのかを調べてみた。

最初のコインを1000回連続で投げてみたところ、表が641回、裏が359回出ました。この時点で、「このコインは表が異常に出やすい」ということが明白なのですが、「どのくらい表が出やすいのか」を具体的な数字で表わしてみます。

例えば「コインの表が出たら1点、裏が出たら0点」というルールを設定した上で、「このコインを1回投げたときの平均得点」を計算すると、0・641点になります（これは「期待値」という考え方ですが、いまは単なる「平均値」と考えてかまいません）。

次に、もう一方のコインを500回投げたところ、今度は表が288回、裏が212回出ました。このコインの平均得点は0・576点です。

2枚のコインはいずれも「表が出やすい」という点では同じでしたが、具体的に平均得点を比べてみることで、「前者のコインのほうが、後者のコインよりも表が出やすい」ということがわかります（コインを投げる回数が異なると、本当は不公平なのですが、ここでは置いておきます）。

## ❖中央値を使うと、差が見えない

さて、このコイン投げのデータをそのまま使って、今度は中央値を出してみましょう。

中央値は、「値が大きい順に要素を並べ、ちょうど真ん中の順位になった要素の値を（中央値に）採用する」というものでした。

最初のコインの1000回の試行データを得点順に並べると、「1点で同率1位」が641個、「0点で同率642位」が359個あることになります。

全体で1000個データがあるので、中央値は「第500位の値」と「第501位の値」の平均値となります（全体の要素の数が偶数のときは「ちょうど真ん中の順位」が存在しないので、「真ん中の2つの順位」の平均を「中央値」とします）。

「500位と501位の平均値」といっても、両者とも「1点で同率1位」ですから、この中央値は結局1点となります。

次のコインの500回の試行データを得点順に並べると、「1点で同率1位」が288個、「0点で同率289位」が212個です。中央値は「第250位の値」と「第251位の値」の平均値となり、やはり1点です。

2枚のコインの中央値はいずれも同じ「1点」となってしまいました。これによって「いずれのコインも表が出やすい」という事実はわかります。しかし、「どちらのコインがより表が出やすいのか」という比較は、中央値だけでは不可能です。

## ❖ 中央値は「とびとびの値」に弱い

中央値とは、「データのランキング表」を採用したものです。て、ちょうど真ん中の順位を作っさきほどのコイン投げの例では、せっかく「データのランキング表」を作っても、同率1位と同率最下位の2種類しかないので、意味をなさなかったのです。

中央値がうまく機能しないケースとして、次のような状況が考えられます。

**ケース① 母集団があまりに小さい**

母集団が小さい（サンプルの数が少ない）と、どうしてもデータの値がとびとびになってしまいます。ということは、「順位がひとつズレただけで、中央値が大きく変わってしまう」ということにつながります。これでは、ちょっとしたことで実態とかけ離れた値が出てしまうかも

表がより出やすいコインはどっち？

A：1000回投げて、表が641回、裏が359回出たコイン

B：500回投げて、表が288回、裏が212回出たコイン

↓

表が出たら1点、裏が出たら0点とすると、
AもBも**中央値**は同じ1点。

比較不可能！

## 中央値は「とびとびの値」に向いていない。

しれません。

**ケース②　値のバリエーションが少なく、同率順位が多数存在する**

さきほど紹介したコイン投げは、これに当てはまります。とりうる値が「０」と「１」しか存在しないので、中央値は必ず０か１のどちらかになってしまいます。

こうして見ると、「中央値がきちんと使えるケース」は、わりと限られます。そもそも、中央値が本当に万能であれば、日常生活で中央値を目にする機会がもっと多くなるはずです。しかし実際には、中央値なんてほとんど見かけません。「数学の授業（またはテスト）以外の場所で『中央値』なんて見たことない」という人がほとんどでしょう。

中央値がなかなか日の目を見ないのは、それだけの理由があるのです。

Part 3
09

# 最頻値

## 「平均」と「中央」の背後に控える遊軍

「**最頻値**」とは、その名のとおり「**あるデータの中で最も頻繁に現れる値**」のことです。

このように言葉で書くと、少しイメージしづらいかもしれませんが、十分に数の多い母集団について〝普通の統計〟をとれば、「平均値」と「中央値」と「最頻値」は、おおよそ近い値になります。

何をもって〝普通の統計〟と呼ぶのかは難しいところですが、比較的わかりやすい例として、センター試験の得点分布が挙げられるでしょう。

センター試験は、「満点」が存在しますから、異常な値（年収における超高所得者など）が入り込む余地がありません。また、センター試験は毎年50万人以上が受験しています。この50万人がそのまま母集団となりますので、おかしな誤差が入り込む余地もありません。

この結果、センター試験のほとんどの科目では、「0点付近」と「満点付近」に位置する人数が最も少なく、「平均点付近」の人数が最も多くなる〝普通の得点分布〟になります。実際にセンター試験の得点分布を見てみると、ほとんどの科目できれいな山型（釣鐘《つりがね》型）を描いているはずです。

このようなデータでは、皆さんが抱いている

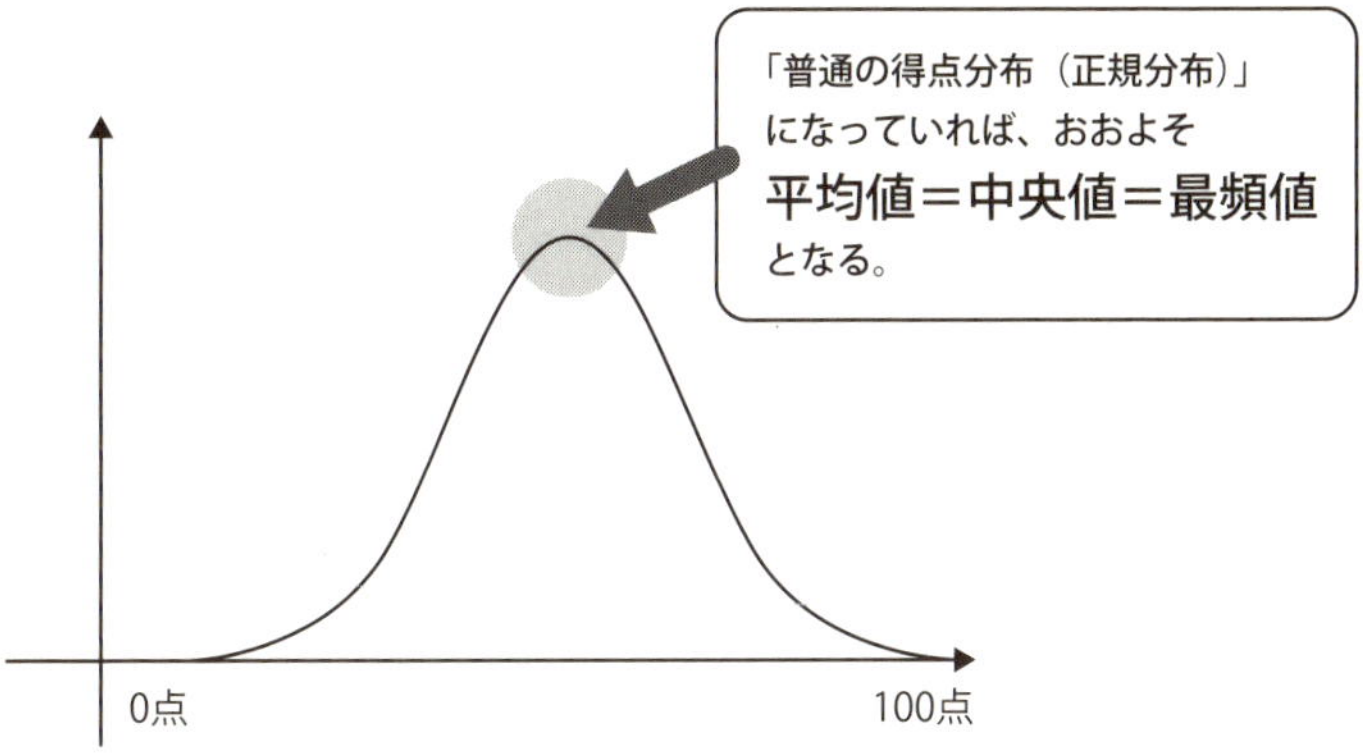
「普通の得点分布（正規分布）」
になっていれば、おおよそ
平均値＝中央値＝最頻値
となる。
0点
100点

## 最も多く出現する値が「最頻値」。

「平均値」のイメージを、ほぼ実現してくれます。「ちょうど平均点をとった人が、全体のランキングでもほぼ真ん中の順位になる」「受験者の得点を全部並べてみると、平均点をとった人の数が最も多い」という〝普通の統計〟は、当然のように思えて、実は、そんなに多くはありません。

### 数学は「ほとんどの科目」に含まれない？

センター試験は、年度によって難易度がかなり変化します。当然、平均点も年度によって変化します。どの科目も、難しい年では平均点が50点前後になり、易しい年では65点前後になります。

ただ、平均点が高い年だろうが低い年だろうが、得点分布グラフの形は、そう大差ありません。ほとんどの科目では、いつもきれいな山型を描いています。平均点が低い年は、グラフの山全体が（形をそのまま維持しながら）得点の低い側にスライドし、平均点が高い年は、グラフの山全体が得点の高い側にスライドしているだけ――に見えます。

しかし、やはり例外はあります。

〝ほとんどの科目〟とかけ離れた形の得点分布グラフを描く科目があるのです。

それが数学です。

センター試験の数学は、「数学Ⅰ・数学A」および「数学Ⅱ・数学B」の2科目に分かれています。いずれも「年度によって平均点が50点から65点くらいの間で変化する」という点だけは、他の一般的な科目と同じです。

ただ、センター試験の数学の得点分布は、きれいな山型になりません。いえ、〝グラフのほとんどの部分は〟きれいな山型になっていますが……96～100点の部分に、いきなり尖ったピークがくっつくのです。

数学という科目は、得意な人と苦手な人の差がはっきり出る傾向があります。そして、センター試験の数学の問題は（年度にもよりますが）「得意な人」にとって易しすぎるため、大量の満点が出てしまうのです。

センター試験の数学については、「平均値」と「中央値」が50点から65点あたりに位置しているにも関わらず、「最頻値」は100点に位置していることがよくあります。

## ❖ おかしな分布でこそ意味がある

「最頻値」は、普通の生活やビジネスの現場では、あまり目にしない指標です。やはり「平均値」こそが統計の王様であり、ごくまれに「中央値」が（平均値の欠点を補う意味で）登場す

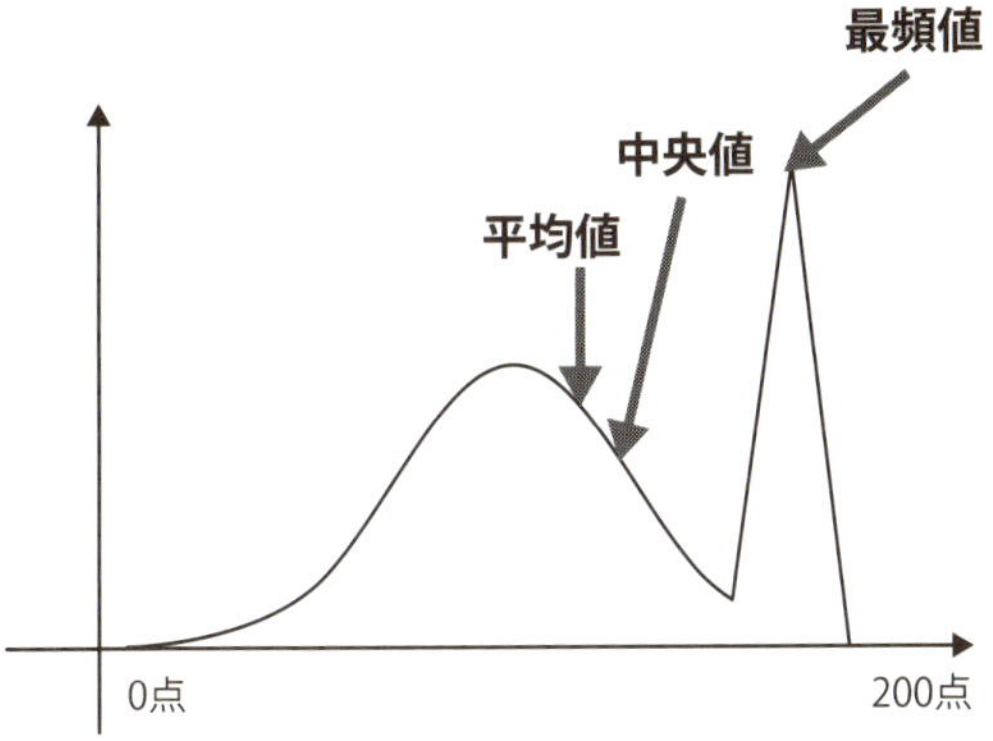


## 偏《かたよ》った分布のときに「最頻値」が意味を持つ。

る程度です。「最頻値」は、「中央値」よりもさらにマイナーな指標です。

データの分布をグラフにしたとき、きれいな山型を描く〝普通の統計〟においては、最頻値を使う意味は、ほとんどありません。どうせ平均値や中央値と似たような値になるので、わざわざマイナーな最頻値を持ち出す必要がないのです。

しかし、センター試験の数学の得点分布のように、おかしな形のグラフが出てきたときは、最頻値の出番です。あるデータにおいて、最頻値と平均値がかけ離れていた場合は、「この母集団は、傾向のハッキリ異なるふたつのグループに分けられる」という目安になります。

平均値や中央値だけではわからない集団の傾向と特徴が、「最頻値」によって白日のもとに晒されるのです。

Part 3
10

## データをカテゴリーに分けてグラフ化する
# ヒストグラム

さきほど、最頻値の説明の中で「**得点分布**」という言葉が出てきました（☞第3章09参照）。

この「分布」という言葉を他の表現で言い替えると、「データの散らばり方」になります。ですから「テストの得点分布」は、「0点から100点の間に、要素がどのような形で散らばっているか（を表わしたもの）」という意味になります。

「分布」は「平均値」などとは違って、1つの数値で表わされるものではありません。少しわかりにくいですが、「分布」の表わし方にはいくつかの方法があります。

テストの得点分布であれば、「100点：1人」「99点：0人」「98点：2人」……といった表形式でまとめる方法が考えられます。このような表を「**度数分布表**」と言います。

なお、度数分布表の「度数」とは、「特定の値に該当する要素の数」のことです。さきほど挙げたテストの得点分布で言えば、「100点の度数は1」「99点の度数は0」「98点の度数は2」になります。

データの山だけでは「統計」とは呼べませんが、データを整理して度数分布表を作るだけでも、いちおう「統計をとった」と言うことがで

**度数分布表**

| | |
|---|---|
| 100点 | 1人 |
| 99点 | 0人 |
| 98点 | 2人 |
| 97点 | 4人 |
| … | … |
| | |
| | |

**ヒストグラム**

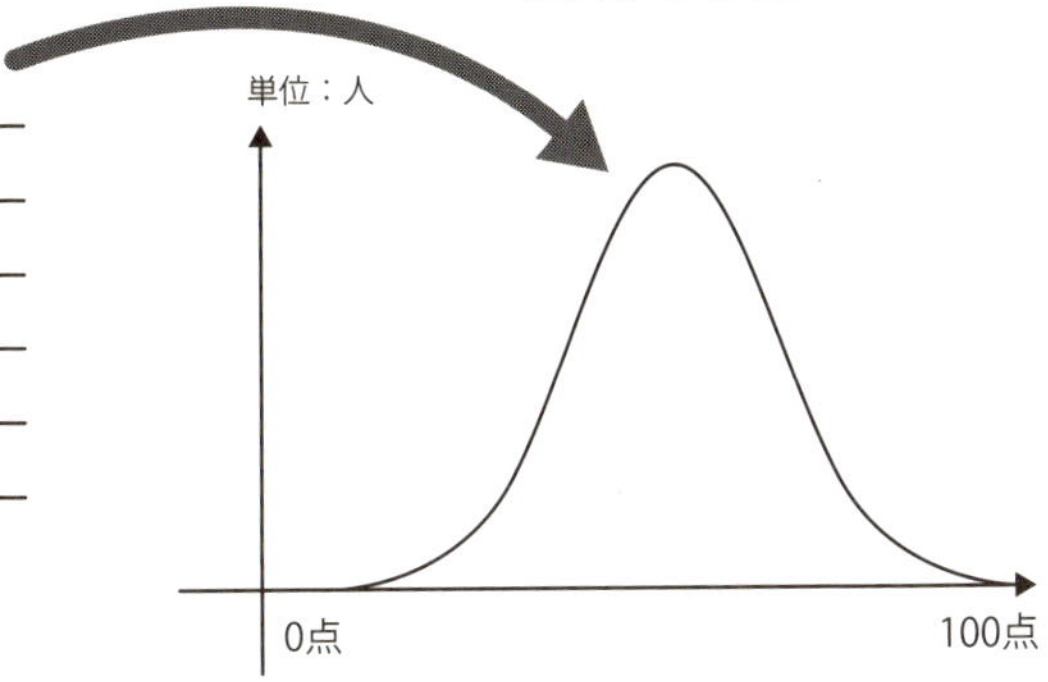


## 度数分布表から「ヒストグラム」を作る。

きます。ただ、数字ばかり並んだ表を見ても、母集団の特徴はなかなか読み取れません。

そこで多くの場合は、度数分布表に一手間かけて（加工して）わかりやすく表現するのです。全体の平均値を計算したり、分布をグラフで表わしたりすれば、母集団の特徴がよりわかりやすくなることでしょう。

「統計をとる」という行為は、「度数分布表をいじることで、母集団全体の特徴を読み取りやすくすること」と言えます。

度数分布表をグラフに表わすときは、横軸にデータの値（テストの得点）をとり、縦軸に度数（その得点の人数）をとります。こうしてデータの分布をグラフに表わしたものを「**ヒストグラム**」と呼びます。日本語では「度数分布図」と言います。

最頻値について解説した際には、「得点分布」

や「得点分布グラフ」といった言葉が何度も出てきました。それらが示していたのは度数分布表のことであり、ヒストグラムのことだったのです。

## ❖ 値の範囲が広いときはどうする?

ヒストグラムとは度数分布表からそのままグラフを描いただけのものです。Excelなどの表計算ソフトがあれば、クリックひとつで自動的にヒストグラムが完成するでしょう。ただし、グラフというものはわかりやすくないと意味がありません。「何も考えずに度数分布表を直接グラフにしただけ」では、役に立たないのです。

例えば「日本のサラリーマンの年収」についてヒストグラムを作るときは、度数分布表の時点で、少し工夫する必要があります。日本のサラリーマン人口は約4000万人と言われていますが、この4000万人の年収を1円単位で分類してしまっては、数百万行を超える巨大な度数分布表ができてしまうでしょう。そのような巨大な表からヒストグラムを作っても、金額あたりの度数が低すぎて母集団全体の特徴を読み取るのは困難です。そもそも年収を1円単位まで細かく分けるのは無意味です。

「年収」のような幅広い範囲に分布するデータについて統計をとる場合は、「ある程度近い値をひとつにまとめてしまう」という操作をします。

例えば「年収100万円未満」「100万円以上200万円未満」「200万円以上300万円未満」……という具合に、100万円ごとにデータをまとめてしまうのです。そうすれば、度数分布表も見通しが良くなりますし、そこから生成されるヒストグラムも見やすいものになるでしょう。

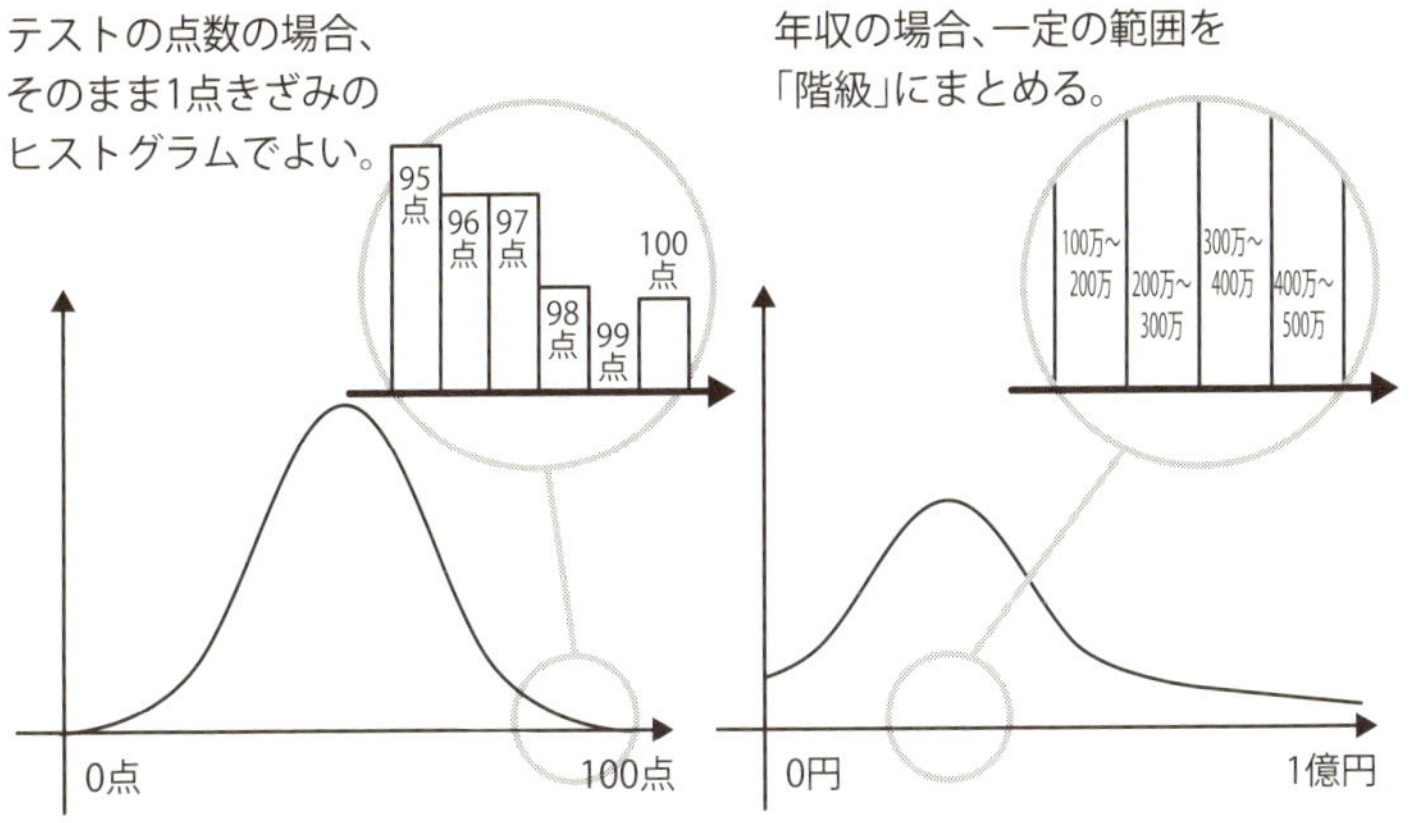
テストの点数の場合、
そのまま1点きざみの
ヒストグラムでよい。
95点
96点
97点
98点
99点
100点
0点
100点
年収の場合、一定の範囲を
「階級」にまとめる。
100万～200万
200万～300万
300万～400万
400万～500万
0円
1億円

## 値の範囲が広いときは、「階級」に分ける。

このように、データをいくつかのグループに分ける（値の近いものをまとめる）ことを「階級に分ける」と言います。このときにできた「年収100万円未満」や「100万円以上200万円未満」といったまとまりを「**階級**」と言います。

階級の分け方に、決まりはありません。見てわかりやすい表（またはグラフ）になれば、それでよいのです。階級の分け方が細かければ細かいほど、詳細なヒストグラムができます。階級の分け方がざっくりであれば、おおざっぱなヒストグラムができます。

統計は「母集団全体の特徴」を読み取ることが重要ですから、詳細なヒストグラムがよいとは限りません。むしろ、分布の特徴が読み取れる範囲で、できるだけ階級の分け方を少なくしたほうが見やすいヒストグラムになるでしょう。

Part 3
11
# 正規分布
## 平均値と中央値が同じになる〝ノーマル〟な分布

十分に数の多い母集団の統計が〝普通の統計〟になっていれば、「平均値」と「中央値」と「最頻値」は、おおよそ近い値になります（☞第3章09参照）。ここで〝**普通の統計**〟とは何か、突っ込んで考えましょう。

〝普通の統計〟を別の言葉で表現すれば、「皆が平均値に対して抱いているイメージが、そのまま正しく当てはまるような統計」という意味になります。本書では、すでに「平均値がイメージどおりにならないケース」をいくつか紹介してしまったので、そろそろ読者の皆さんの考え方がひねくれてきたかもしれませんが……もともと〝皆が平均値に対して抱いていたイメージ〟は、次のようなものでした。

①　母集団全体でランキングをつけたとき、「ちょうど平均値をとる要素」が、ど真ん中の順位になる。
②　「平均値に近い値」が、母集団の中で大きな割合を占める。

①を数学的な用語で言い替えれば、「平均値と中央値が一致する」ということです。②を数学的な用語で言い替えれば、「平均値と最頻値

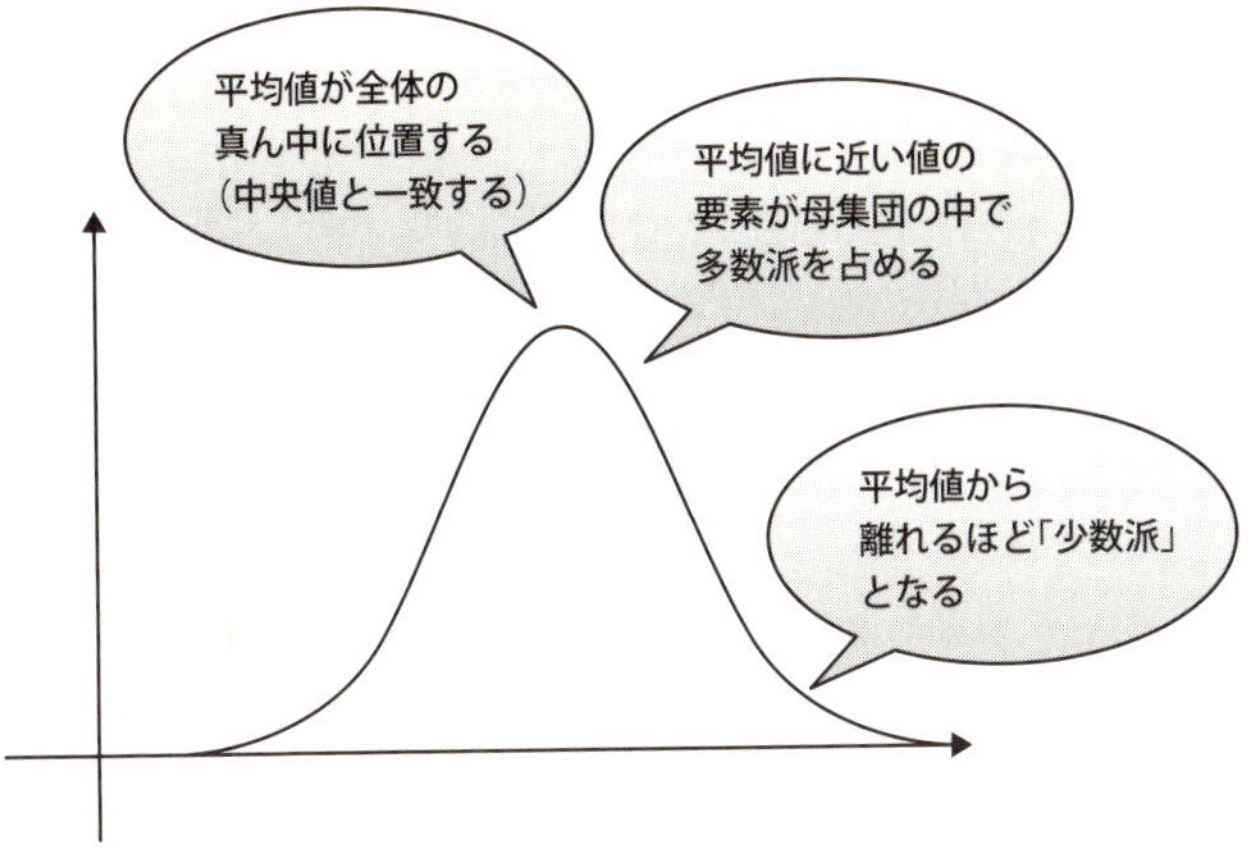
平均値が全体の
真ん中に位置する
（中央値と一致する）
平均値に近い値の
要素が母集団の中で
多数派を占める
平均値から
離れるほど「少数派」
となる



## 正規分布は、誰もが普通にイメージする分布。

がおおよそ一致する」ということです。この2つの条件を満たす統計こそ、皆のイメージする〝普通の統計〟です。〝普通の統計〟のヒストグラムを描くと、すべて似たような形のグラフになります。

平均値は、横軸のど真ん中に位置しています。そして、平均値における度数（グラフの高さ）が、最も高くなります。グラフのピーク（極大値）は、平均値のところにひとつだけ存在します。現実には、ポコポコと複数の山が存在する「波のようなグラフ」もありえますが、それは〝普通の統計〟ではありません。

グラフの高さは、平均値から離れるにしたがって、なだらかに低くなっていきます。平均値から離れれば離れるほど、度数が低くなっていきます。結果として、グラフ全体の形は、左右対称の釣鐘《つりがね》のように見えるでしょう。

そのような釣鐘型のグラフで表わされる〝普通の統計〟を、「**正規分布**」と呼びます。

## ❖「だいたい正規分布」と考えてよい

本来、正規分布は、数学的にきちんと定義されています。「$y=x$」が一次関数となり、「$y=x^2$」が二次関数となるように、正規分布も特定の数式によって表現できるのです。数学として厳密に議論するなら、「正規分布を表わす数式からちょっとでも外れたら、それはもはや正規分布とは呼べない」ことになるはずです。

しかし、実際に集めたデータが、寸分のくるいもなく正規分布の数式の上にピッタリ収まるはずがありません。

そもそも数学的に厳密な正規分布は、「−∞（マイナス無限大）」から「+∞（プラス無限大）」まで、すべての値をとります。でも、現実の統計データは有限ですから、この時点で「完璧に正規分布と一致する統計など存在しない」ことになります。

統計データには、「多少の計測誤差」もあれば、「ごくまれな異常値」も含まれます。にも関わらず、杓子定規《しゃくしじょうぎ》に数式を適用してしまっては、せっかくの道具（数学）が役に立ちません。ですから統計の世界では、「だいたい正規分布のグラフに沿った統計データ」ならば、そのまま素直に「正規分布に従う」と表現してよいことになっています。

「なんだか数学らしくない」と感じられるかもしれませんが、このような「だいたい」にもとづいた考え方は、統計に限った話ではありません。例えば、土地の面積を計測するときも、どんなに厳密に測定しようが必ず誤差は出ます。そもそも地球は完全な平面ではなく、大きな球正規分布を数式で表わすと…

$$y = \frac{1}{\sqrt{2\pi}} e^{-\frac{x^2}{2}}$$

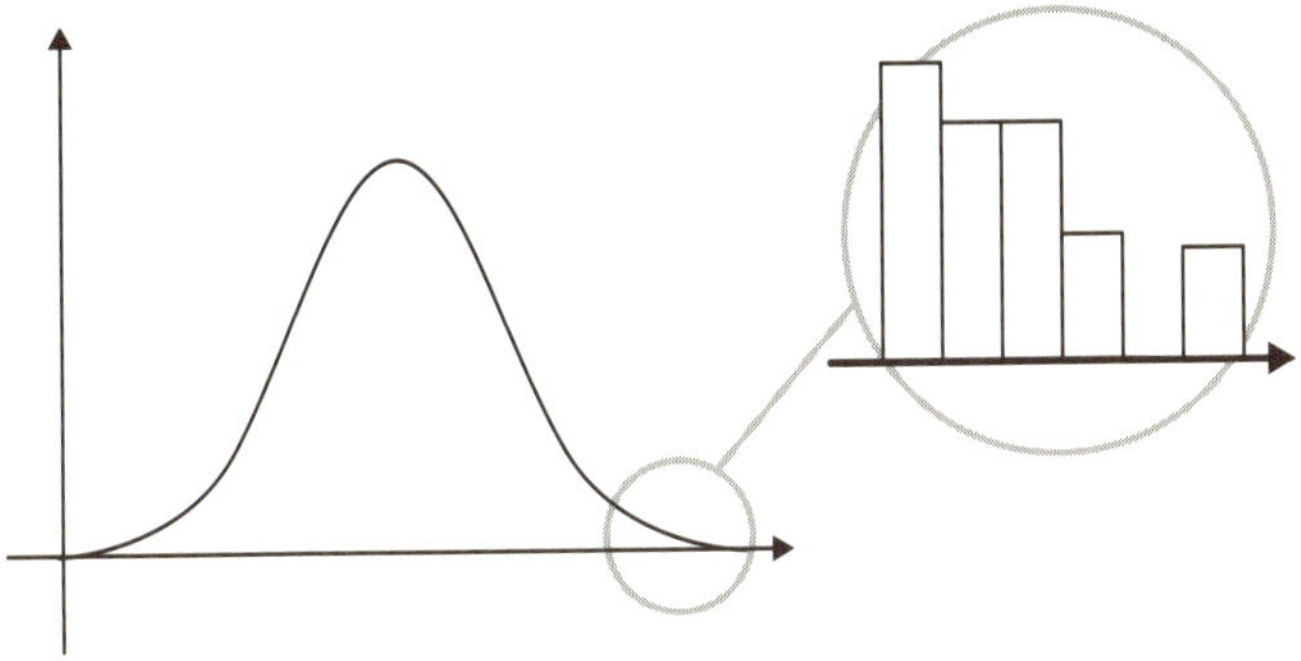

## 純粋な数学的定義から多少ずれていても正規分布と見なす。

形ですから、仮に誤差ゼロで完璧に面積を実測できたとしても、それは数学的に正しい面積と一致しないでしょう。「だいたい一致すればそれでいい」という考え方は、統計に限らず、数学を応用する際に必要な考え方です。

少し話がそれました。

本書で何度も例に取り上げてきた「サラリーマンの年収」の統計は、正規分布とは言えません。平均値は中央値の感覚が、皆のイメージからかけ離れていますし、実際にヒストグラムを作ってみても、正規分布とはだいぶ違った形になります。「センター試験の数学の得点」の統計も、正規分布とは言えません。センター試験の英語の得点なら、だいたい正規分布に近いでしょう（年度によって異なります）。「特定の世代の体重」といった生物的な統計は、だいたい正規分布になるようです。

Part 3
12

# 偏差値

## 自分は周りの人たちとどれくらい違う？

「**偏差値**」という用語は、私たち日本人に不思議な関わり方をしています。

中学生や高校生の多くの受験生は、「偏差値にふりまわされている」と言ってよいほど偏差値の影響を受けて生活を送っています。

ところが、目標の大学（あるいは高校）に入学してしまえば、もはや「偏差値」はお役ご免です。その後、ほとんどの人は、死ぬまで偏差値と関わらないことになるでしょう。

皆さんが受験生の頃にさんざん世話になった「偏差値」の意味を、ここであらためて考えてみます。

最初に言っておきますが、もし「人生でたった1度しかテストを受けない人」がいたら、偏差値はほとんど役に立ちません。「テストの得点」や「受験者全体における自分の順位」を見れば十分です。得点と順位がわかれば、その科目における自分自身の理解度や、相対的な成績がだいたい把握できます。

偏差値が真価を発揮するのは、「基準の異なる複数の成績」を比較するときです。

本来、異なる母集団でとった統計を比較しても意味はありませんが、偏差値を使えば、ある程度統一した基準で成績を把握できるメリットがあります。

**【問題】** 受験生のA君は、6月の英語の模擬テストで、61点をとりました。できが悪かったことで焦ったA君は、それから必死で勉強して、9月の英語の模擬テストでは74点をとりました。
　はたしてA君は、成績が上がったと言えるでしょうか？

　文中に「A君は必死で勉強して……」と書いてありますから、この3か月間で、おそらくA君の英語の理解度は上がったでしょう。仮に、「6月時点のA君」と「9月時点のA君」が同じテストを受けたとしたら、後者のほうが良い成績をおさめるはずです。

　しかし、A君は受験生です。彼が受けたテストは模擬テストです。受験は他人との競争ですから、「他人より良い成績をとれたか」が最も重要です。9月時点のA君は、確かに〝過去の自分〟よりは成績が伸びたでしょう。でも、ひょっとしたら他の受験生たちは、この3か月間でさらに成績を伸ばしているかもしれません。もしも、他の受験生たちが、A君より相対的に成績を伸ばしていた場合は、「A君の成績は落ちた」と言わざるをえません。

　A君は、この3か月間で確かに得点を伸ばしました（プラス13点）が、受験生にとって本当に重要なのは、「受験生全体の中で自分はどこに位置づけられるのか」というポイントです。

　また別の考え方として、「テストの難易度が前回よりも下がった結果、A君が高得点を上げることができた」という可能性もあります。ふたつのテストの得点を単純に比べただけでは「A

君の成績が伸びたかどうか」は判断できません。

ならば、得点ではなく、ふたつのテストの順位を比べればどうでしょうか？

これも、いまひとつ参考になりません。なぜなら、6月と9月で総受験者数が異なるかもしれないからです。A君の順位が2回とも同じだったとしても、6月の総受験者数が3000人で、9月の総受験者数が5000人だったなら、A君の成績は下がったことになりそうです。

でも、ひょっとしてA君は、2回とも全受験者中1位だったかもしれません。その場合、A君は「今後どんなに勉強しても絶対に成績が上がらない」ことになります。

こうして、いろいろ考えを巡らせてみると、どうやら「異なるテストの成績を比較するためには、得点や順位だけを見てはダメだ」ということがわかってきました。


「異なるふたつのテストの成績」は、本来まったく異なる母集団からなるデータです。それを比較しようと考えること自体、そもそも無理があるのです。しかし、無理を承知であえて「異なるふたつのテストの成績」を比較したい。

そこで、「自分が何点とったのか」「そのテストの難易度（平均点）はどの程度だったのか」「テストの受験者は何人いたのか」「その中で自分の順位はどのあたりだったか」といったさまざまな要素を総合的に盛り込んだ指標が使われるようになりました。それが偏差値なのです。

## ❖ 偏差値のエッセンス

「偏差値」は「統計を使って出す数字」ですが、偏差値そのものは「統計」ではありません。まず、ここに注意してください。

本書ではこれまで、さまざまな統計用語を紹

前回より
得点が上がった！
前回より
順位が上がった！
※今回のテストは
問題がやさしくなった
可能性がある。
※今回のテストは
受験者が少なかった
可能性がある。


素直に喜べない……

## 点数や順位だけでは、2つのテストの成績を比較できない。

介してきました。「平均値」「中央値」「ヒストグラム」といった用語はいずれも、母集団全体の特徴・傾向を表わすための道具です。ですから、平均値を出したりヒストグラムを描いたりすることを「統計をとる」と言います。

「偏差値」は母集団全体の特徴・傾向を表わす道具ではありません。「得点」や「順位」のように、偏差値は「個体の特徴を表わす道具」のひとつです。ですから、偏差値を算出することを「統計をとる」とは言いません。

さて、前置きが長くなりましたが、ここで偏差値のエッセンスを紹介しましょう（偏差値を自力で計算することはまずないので、詳しい計算方法は省略します）。

偏差値を求めるときは、大前提として平均点（平均値）を基準に考えます。まず「平均点をとった人＝偏差値50」と決めてしまいます。

平均点以外の点をとった人はどうするか？

「平均点より高ければ高いほど偏差値が高い」「平均点より低ければ低いほど偏差値が低い」となるように、うまく計算します。当たり前ですね。でも、よく見てください。「単に得点が高ければ偏差値が高い」というわけではなく、「平均点から離れれば離れるほど偏差値が高い」のです。

したがって、偏差値を算出する際には「得点と平均点の差（距離）」を利用します。

平均点より高い点をとった人の偏差値は、次のようになります。

> 50＋「『その人の得点と平均点の差』を使ってゴチャゴチャ計算した結果の値」

平均点より低い点をとった人の偏差値は次のとおりです。

> 50－「『その人の得点と平均点の差』を使ってゴチャゴチャ計算した結果の値」

説明がいいかげんにもほどがありますが、とにかく「『本人の得点と平均点の差』を使って偏差値を出す」という事実だけ覚えていただければけっこうです。

単に得点が高いだけでは、偏差値が高くなるとは限りません。平均点が高いテストで高得点をとっても「本人の得点と平均点の差」は小さいからです。もちろん、単純に順位が高いだけでもだめです。「ほかの皆の得点（平均点）をいかに引き離すか」が、偏差値の高低に深く関わってきます。

なお、母集団が正規分布に従っていれば、受

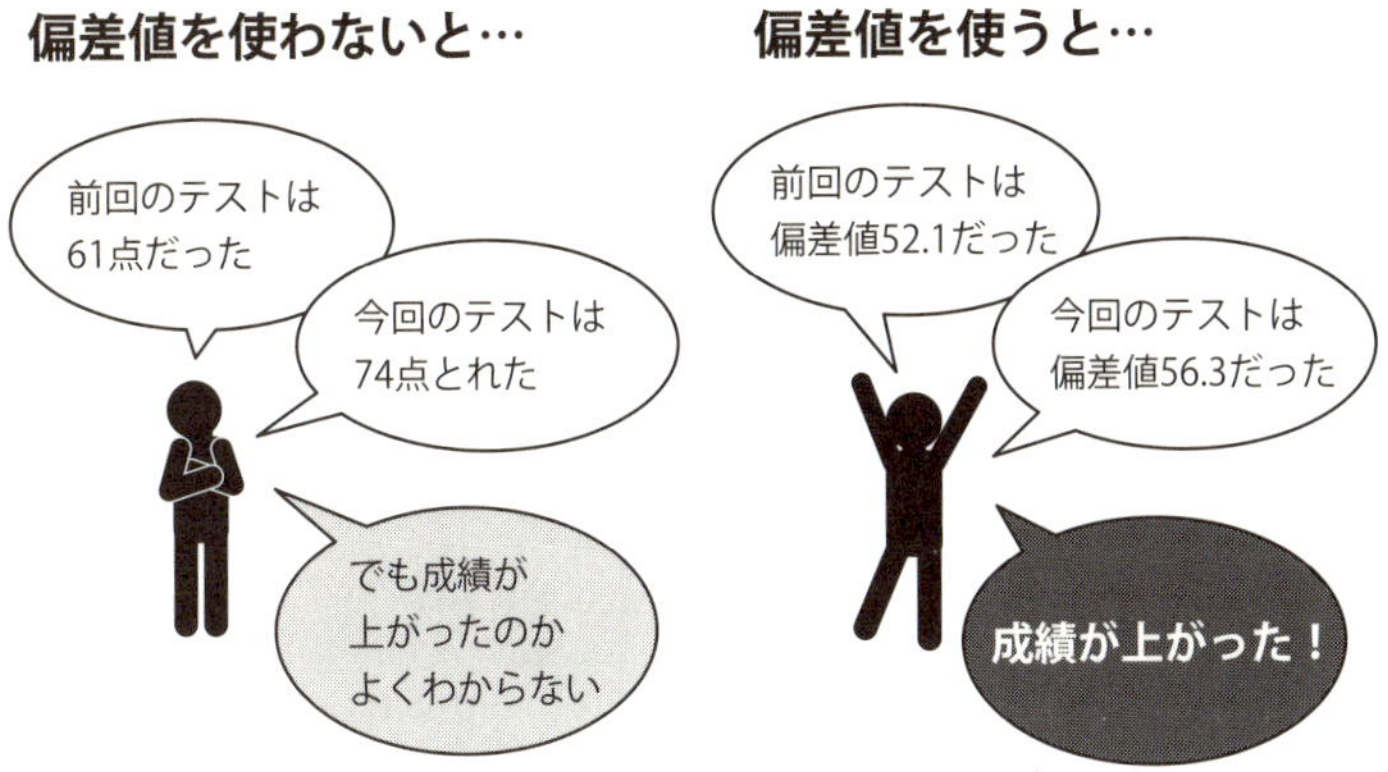
偏差値を使わないと…
前回のテストは
61点だった
今回のテストは
74点とれた
でも成績が
上がったのか
よくわからない
偏差値を使うと…
前回のテストは
偏差値52.1だった
今回のテストは
偏差値56.3だった
成績が上がった！

## 偏差値を使えば、異なるテストの成績を比較できる。

験生全体のおよそ7割が「偏差値40以上60以下」の間に含まれます。「偏差値60以上」と「偏差値40以下」の人は、それぞれ15～16％ずつ存在します。

偏差値を使えば、総受験者数がまったく異なったり、平均点が著しく異なったりする複数のテストの成績を比較する目安になります。

偏差値が使えるのは、学力テストだけではありません。身長・体重といった身体測定の結果も比べることができます。ちなみに、知能指数（ＩＱ）の本質も、偏差値そのものです。

受験生が利用する偏差値は「平均点＝偏差値50」ですが、知能指数の場合は「平均点＝偏差値１００」として算出されています。ですから知能指数を単純に2で割れば、皆さんが中高生の頃にお世話になった「偏差値」とまったく同様に比較できることになります。

Part 3
# 13 標準偏差
## その集団はどれくらいバラエティに富んでいるか？

さきほど「偏差値」の説明の中で、次のように述べました（☞第3章12参照）。

「『本人の得点と平均点の差』を使って偏差値を出す」という事実だけ覚えていただければけっこうです。

確かに、偏差値のイメージをつかむだけなら、右記のとおりでかまいません。

ただ、「本人の得点と平均点の差」という数値は、うまく使えば「偏差値の計算」以外の場面でもいろいろ役に立ちます。なので、「本人の得点と平均点の差」の周辺で登場する統計用語について、紹介しておきましょう。

**【例】** あるクラスで国語の期末テストを実施したところ、生徒の点数は次のとおりでした。

・キヨコ　77点　・タカシ　65点
・マサル　53点　・テツオ　81点

生徒数4人とはずいぶん少ないですが（この学校は少子化の進んだ離島にあると考えましょう）、このクラスの「平均点」は次のとおりです。

$$(77+65+53+81)\div 4=69\text{（点）}$$

たった4人の平均点を出してもあまり意味はありませんが、ここでは用語の紹介が目的なので、目をつぶってください。

次に、4人の生徒それぞれについて「本人の得点と平均点の差」を計算します。

・平均点　69点
・キヨコ　77点……+8
・タカシ　65点……-4
・マサル　53点……-16
・テツオ　81点……+12

ここで出した「本人の得点と平均点の差」を、「**偏差**」と呼びます。「キヨコさんの（今回の国語のテストにおける）偏差は＋《プラス》8」「タカシ君の偏差は－《マイナス》4」といった言い方になります。なお、全員の偏差をすべて足し合わせると、その結果は必ずゼロになります。

この「偏差」を使って、次のような計算を行ないます。

$$\{(+8)^2+(-4)^2+(-16)^2+(+12)^2\}\div 4=120$$

ここで出てきた120という数字が「**分散**」と呼ばれるものです。生徒それぞれの「偏差」を2乗したものをすべて足し合わせ、最後に人数（4人）で割った値です。マイナスの数字を2乗すると、プラスの数字になります。したがって、「分散」は必ずプラスの数字になります。

「分散」という名前のとおり、「生徒の点数のばらつきが大きいほど、分散も大きくなる」という特徴があります。極端な話、「生徒全員がまったくの横並びで平均点をとった」という状況だと、分散はゼロになります。

$\sqrt{120}$ ＝ 約10・95

「分散」の平方根（ルート）を「標準偏差」と呼びます。標準偏差と分散は、いずれも「生徒の点数のばらつきが大きいほど値が大きくなる」という性質があります。

## ❖「標準偏差」にどんな意味があるのか

標準偏差は、「大きければ大きいほど（その集団は）ばらつきが大きい」「小さければ小さいほど（その集団は）ばらつきが小さい」と言えます。しかし、標準偏差の値をひとつだけポンと見せられても、あまり意味はありません。ここで示した例（国語の期末テスト）では標準偏差が「約10・95」という値になりましたが、この10・95という数字だけを見て「この集団の〝ばらつき〟がどの程度なのか判断しろ」と言われても、実はよくわかりません。

「じゃあ、面倒な計算をして『標準偏差』なんて出しても意味ないじゃないか」と言われるかもしれませんが、そうではありません。

標準偏差がひとつだけでは確かに意味はありませんが、ふたつ以上の標準偏差を比べると意味が出てきます。例えば、同じクラスの国語の期末テストと英語の期末テストについて、それぞれ標準偏差を出して比較すれば、「どちらのテストのばらつきが大きいか」がわかります。もちろん、標準偏差が大きいほうが「できる子とできない子の差が、よりはげしい」と言えます。

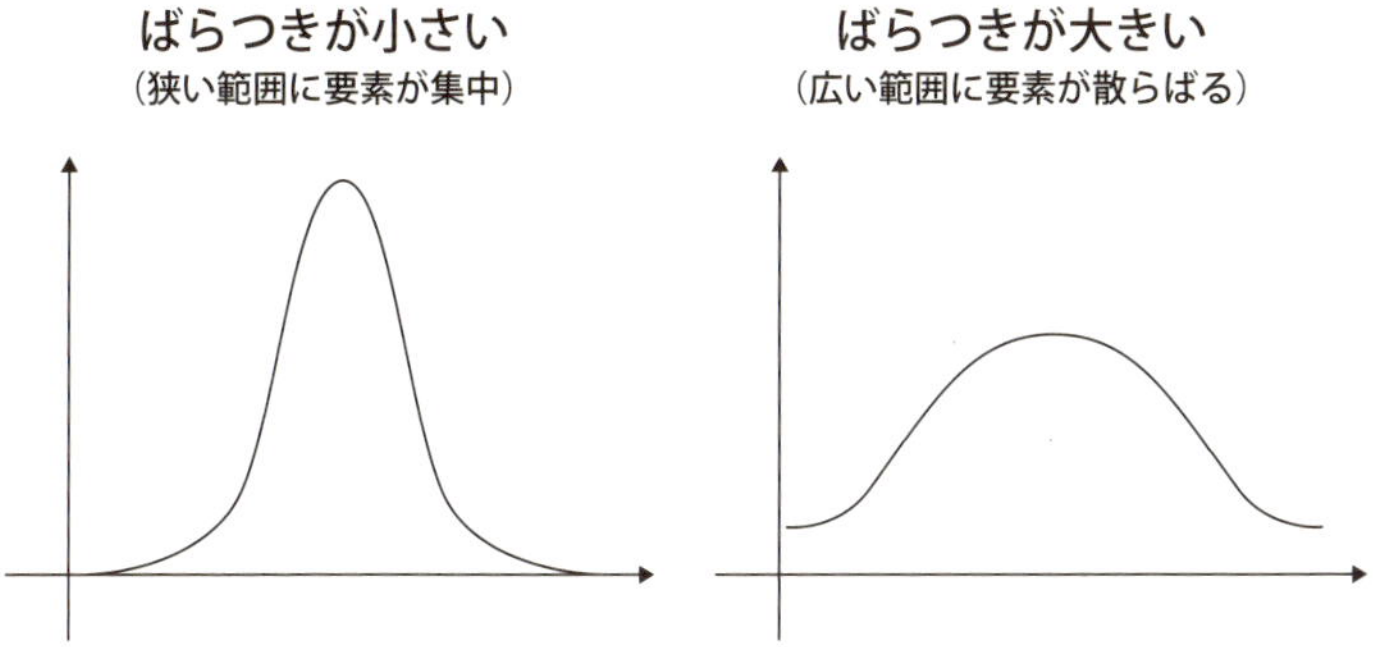
ばらつきが小さい
（狭い範囲に要素が集中）
ばらつきが大きい
（広い範囲に要素が散らばる）

## 標準偏差は、母集団のばらつきの大きさを表わす。

ところで私は、「偏差値」の出し方を説明する際、「『その人の得点と平均点の差』を使ってゴチャゴチャ計算した結果……」などと言って細かい部分をごまかしました（☞第3章12参照）。

でも、「標準偏差」を使えば、わりとすっきり「偏差値」を出すことができます。最後に、参考までに紹介しておきましょう。

> 偏差値＝（本人の点数－平均点）×10÷標準偏差＋50

したがって、今回のテストで81点をとったテツオ君の偏差値は次のように計算できます。

> (81－69)×10÷10.95＋50＝60.958…

テツオ君の偏差値は、「約61」でした。

# Part 4

# 統計の「作り方」

Part 4
01

# 活用できてこそ意味がある統計のとり方

本章では、統計のとり方について紹介します。私たちは、「誰かが作った統計」を見る機会はよくあります。テレビや雑誌を見れば、何らかの統計をまとめたグラフが必ず目に入ってくるでしょう。天気予報も、広い意味で統計の一種です（厳密には天気予報と統計は別物ですが、天気予報は統計にもとづいて作られています）。クイズ番組で表示される「この問題の一般正解率は○○%」という情報も、もちろん統計のひとつです。

このように、私たちは「誰かが作った統計」を見る機会にはめぐまれています。しかし、自分で統計を作る機会は少ないのではないでしょうか。企業のマーケティング部門や研究開発部門の専門職であれば、日常的に統計を利用しているでしょうが、そういう人は少数派だと思います。

くどいようですが、統計をとること自体は簡単です。別に大げさな数学理論を持ち出さなくとも、「平均値をとる」「グラフに表わす」といった〝統計〟だけで、さまざまな特徴が見えてきます。

難しいのは、「**統計を活用すること**」です。「統計をとること」と「統計を活用すること」は、

統計をとるだけなら
難しくない。
こういう統計を
とってください
わかりました
「目的にマッチした統計の
とり方」を考えるのが
難しい。
AとBのどちらが
よいか調べて
ください
どんな統計を
とればよい
のだろう？？



## 本当の意味で統計を活用するにはどうすればよいか？

別なのです。

例えば、会社の上司に「このデータの平均値を出してください」とか「このデータからグラフを作ってください」と言われたとします。そんなときは、Excelなどの表計算ソフトウェアを使えば、平均値もグラフも簡単に表示できるでしょう。「統計をとる」だけなら誰にでもできます。

ところが、会社の上司から「30代の男性の好みの色を調査しなさい」とか「A駅前とB駅前のどちらに新しい店舗を出店したほうがよいか調査しなさい」と言われたら、どうでしょうか？

こうした課題に答えるためには、統計を利用すればいいんだろうな……ということだけは、なんとなくわかります。しかし、「具体的にどこでどんなデータをとればよいか」「そのデータを使ってどのような指標を出せばよいのか」「その指標にもとづいてどのような結論を出せばよいのか」といった具体的なアクションにつなげることは、そう簡単ではありません。

「30代の男性の好みの色」を調査するには、まずアンケートを取ればよい？　それはそうでしょう。では、具体的にどんなアンケートを誰に対して実施すればよいのでしょうか？

　こうしたアンケート調査の場合、「全数調査」を行なうのは非現実的です。会社の上司から頼まれた課題であれば特に、「調査に要するコスト」が重要になるでしょう。がんばって全数調査にこだわり、「アルゼンチンの30代の男性の好みの色」がわかったとしても、会社にとっておそらく意味がないでしょう。

　したがって、このようなアンケート調査は、ほとんどが「標本調査」として実施することになります。標本調査を行なうのであれば、まず、「アンケートを取る相手（標本）」を絞り込まなければなりません。一口に「30代の男性」といっても、いろんなタイプの人がいますから、できるだけ特徴が偏《かたよ》らないように、そしてランダムに標本を選ぶべきです。

　しかし、いくら「特徴が偏らないように標本を選ぶ」といっても、日本中からまんべんなく標本を選ぶ必要があるでしょうか？　そこは「統計の目的」や「調査にかけられるコスト」によって、考え方が変わってきます。

　また、アンケートにはどんな質問を盛り込むべきでしょうか？

　単純に「あなたの好きな色は何ですか」という質問だけでよいのでしょうか？

　人によっては「好きな車の色」と「好きな携帯電話の色」は違うかもしれません。質問を工夫する必要があります。

統計をとる
目的は何か？
全数調査と
標本調査の
どちらを採用
するか？
統計をとる
対象は？
標本の数は
どのように設定
すべきか？
統計調査に
使えるコストは？



## ❖ 統計調査を行なう前に確認・検討すべき内容。

そもそもあなたの上司は、何の目的があって「30代の男性の好みの色は何か、調査しなさい」と言ったのでしょうか？

あなたの会社は、そもそもどんな事業を行なっているのでしょうか？

――これらの要素をひとつひとつ考えることが重要です。

本章ではこのあと、「統計を作成するために必要な4つのステップ」について、順に解説していきます。

実際の統計作成作業に入ってしまうと（統計調査を始めてしまうと）、後に引き返すのが難しくなりますから、前もって「統計の目的（いったい何のために統計をとるのか）」を明確にしておくことが必要です。

統計の目的さえしっかり確立しておけば、「統計の活用」は意外と難しくありません。

Part 4 02

# 目的をじっくり見すえて母集団を決める ステップ① 調査対象の決定

第1章では、統計を使う際の一般的なプロセスを紹介しました（☞第1章02参照）。

**ステップ①** 対象となる集団を決定する
**ステップ②** 個々の要素を調査する
**ステップ③** 調査結果を分析する
**ステップ④** 集団の傾向・性質を結論づける

これから、それぞれのステップについて詳しく見ていきます。まずは「ステップ① 対象となる集団の決定」です。さきほど（第4章01）の例を使って説明しましょう。

**【例】** 会社の上司から「30代の男性の好みの色」を調査するよう依頼された。

この「ステップ①」では、調査の対象となる「母集団」を決めます。いま知りたいのは「30代の男性の好みの色」ですから、当然、調査の対象となる母集団は「30代の男性」となるでしょう。

――と、答えた方は、学校のテストなら満点でしょうが、社会に出た後は70～50点くらいになるかもしれません。

実は、この例は意地悪な書き方をしています。

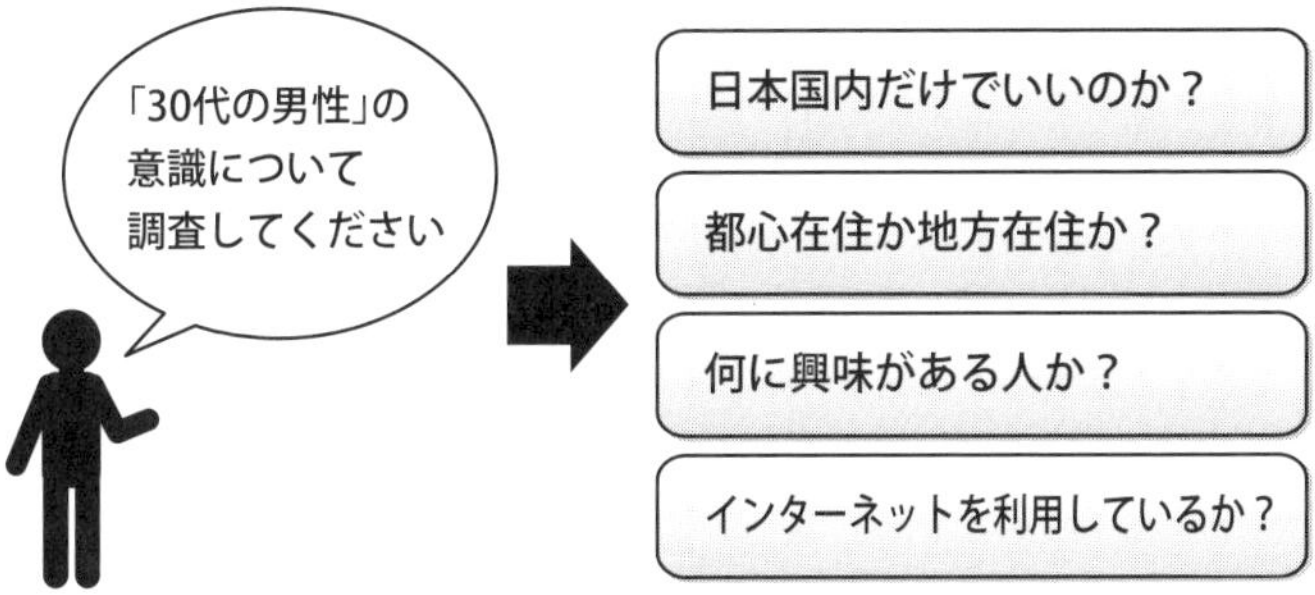
「30代の男性」の
意識について
調査してください
日本国内だけでいいのか？
都心在住か地方在住か？
何に興味がある人か？
インターネットを利用しているか？

…と言われたからといって、「世界中の30代の男性すべて」を調査する必要はない。

調査対象について「隠された条件」があるかもしれない。



## ステップ① 調査対象の母集団を決める。

「30代の男性の好みの色を調査せよ」以外の情報を何も書かなかったからです。このステップでは、「統計をとる目的」を知ることが重要です。

会社の上司が「30代の男性の好みの色を調査せよ」としか言わなかったとしても、上司は何らかの目的があって調査を依頼したはずです。

会社の中で、このような形で統計が利用されるケースは多くの場合、マーケティング調査です。

30代の男性に人気の色を、会社の商品のラインナップに加える計画があるのかもしれません。

あるいは、会社のウェブサイトのイメージカラーを決めることが目的かもしれません。

「商品の色に30代の男性の好みを反映したい」ということで調査を依頼されたのであれば、母集団は「その商品が売られている地域に住んでいる人」に限られるでしょう。「日本国内の30代の男性」または「都心で生活する30代の男性」

にまで母集団を絞り込めるかもしれません。

その会社が自動車メーカーであれば、輸出先の海外市場も考慮すべきでしょう。「日本国内の30代の男性」と「米国内の30代の男性」のふたつの母集団について、それぞれ調査を行なうことも考えられます。この場合、「車に興味のない人」や「車を買えるだけのお金を持っていない人」は、調査対象から外してよいかもしれません。

ウェブサイトのイメージカラーを決めるのが目的であれば、母集団は「パソコンか携帯端末（携帯電話）を持っている人」に限定できます。その場合、ウェブを使ったアンケート調査を利用する手もあります（ただし、多重投稿の防止や年齢認証などに工夫が必要でしょう）。

実生活の中で統計を利用するときは、「そもそも何のために統計調査を行なうのか」を常に意識しておくことが大事です。特にビジネスの現場では「**明文化されていない、隠された前提条件が存在するのではないか**」ということを、常に念頭において行動すべきです。

## ❖ 全数調査？ それとも標本調査？

母集団を定義したら次のステップへ……と言いたいところですが、その前に「今回は全数調査を行なうのか、それとも標本調査を行なうのか」を決めておかなければなりません。もし標本調査を行なうのであれば、「ステップ①」で定義した母集団から調査対象となる「標本」を「抽出」しなければなりません（☞第3章02参照）。

実は「**標本の抽出をいつ行なうのか**」という問題が、意外と重要です。

標本調査の手順は、「母集団を決める」→「標本を抽出する」→「その標本のデータをとる」という流れになりますから、理屈の上では「標

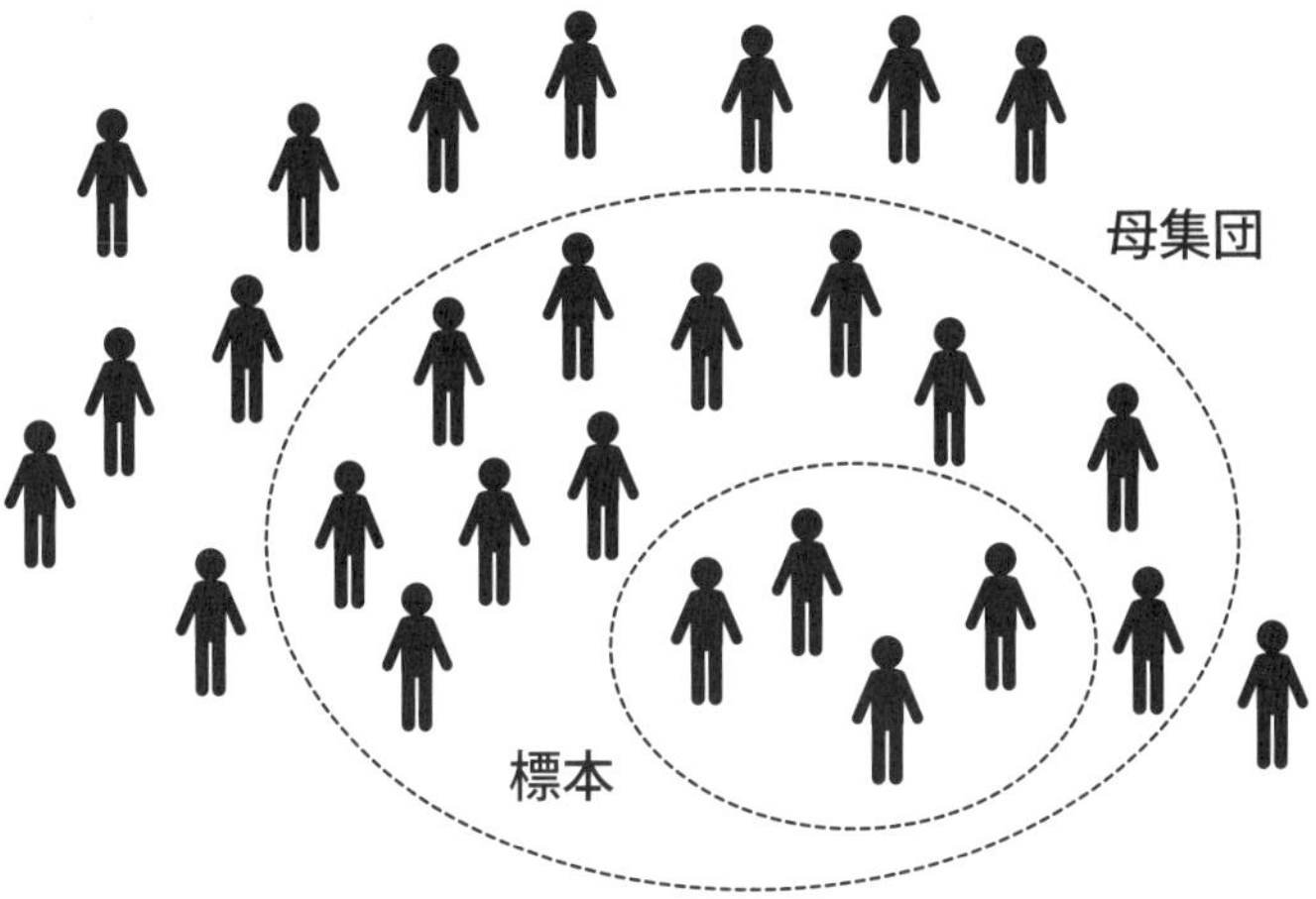


## 標本調査の場合は、標本の抽出方法を決める

本の抽出をした後で、データをとる」という順序になります。

　ところが現実には、「標本の抽出とデータの収集が、事実上、同時進行で行なわれる」というケースが少なくありません。街頭アンケートによる標本調査は、その典型です。

　街頭アンケートを実施するときは、街を歩く人の中から、母集団に該当する人を探し出し、声をかけて呼び止め、そしてアンケートに答えてもらいます。声をかけて呼び止める行為（標本の抽出）と、アンケートをとる行為（データの収集）が、ほぼ同時に進められます。このように標本の抽出とデータの収集が同時に行なわれるケースでは、多くの場合、「得られる統計にノイズや偏《かたよ》りが混じりやすい」というデメリットが生まれるのです（このデメリットについては、後ほど第４章04で解説します）。

Part 4
03

# 数値で表わせるもの、表わせないもの
# ステップ② データ収集

調査対象が決まったら、いよいよ実際の調査を行ないます。これを「データを集める」または「データをとる」と表現することもあります。

自然現象について統計をとる場合は、観察・観測によってデータを集めるのが基本です。数値で表わせるデータ（長さ、重さ、スピードなど）の調査なら、比較的わかりやすいでしょう。

ものすごく微細な結晶や遠いところにある天体を調査対象とする場合、「データを集めること」が技術的に難しい」ということは考えられます。しかしこれらは「データさえとってしまえば、結局あとは数字の処理だけですむ」とも言えますから、統計の対象としては扱いやすいのです。

これに対し、「直接的には数値で表わせないもの」を対象に統計をとるのは、いろんな意味で面倒です。例えば、「人の好み」や「人の考え方」といったものは、直接的に数字で表わすことができません。このようなものを対象に統計をとる場合は、**「調査対象をどうにかして数字で表わす」ための工夫**が必要となります。

人の好みや考え方について統計をとる場合、アンケートを使ってデータを集めるのが一般的ですが、例えばこのアンケートを「選択肢方式の質問」だけで構成しておけば、後で数値化し

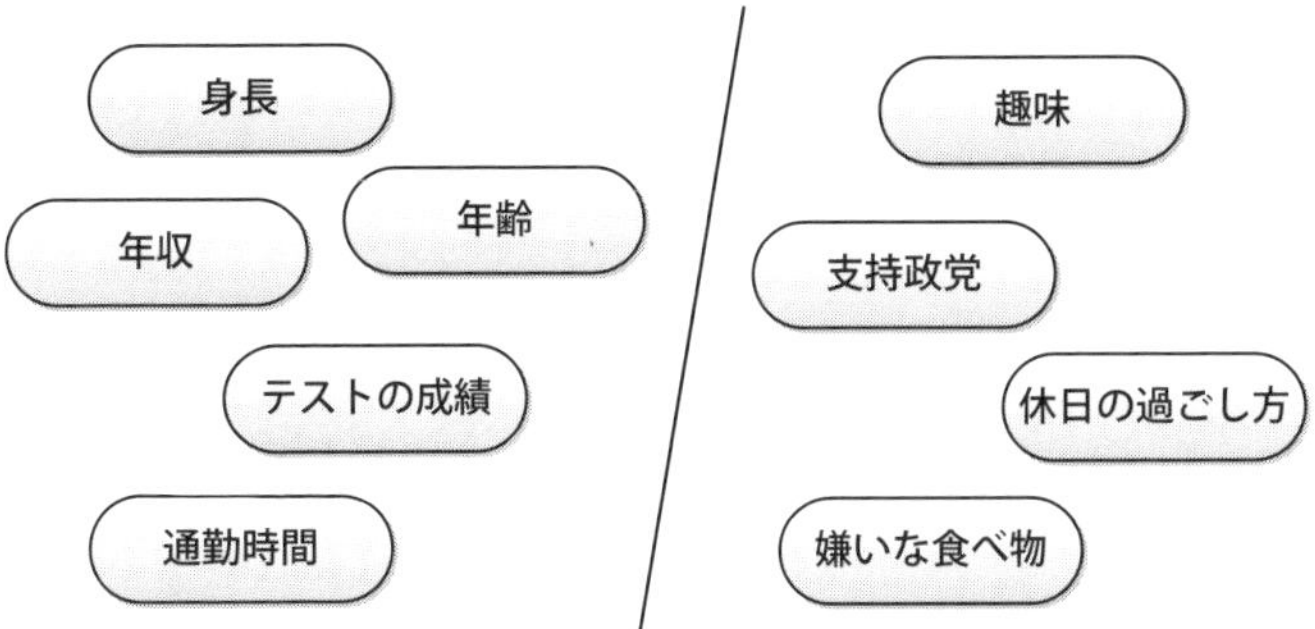
身長
年収
年齢
テストの成績
通勤時間
趣味
支持政党
休日の過ごし方
嫌いな食べ物

もともと数値で表わせるものは、データ収集が比較的かんたん。

本来は数値で表わせないものは、数値に落とし込む工夫をしてみる。

## ステップ② 実際にデータをとる。

やすくなりますね。「国民の政治への意識」について統計をとる場合、政治に対する考え方を言葉で語ってもらうのではなく、「支持政党を教えてください」とだけ聞けば、後で「政党ごとの支持率」という数字で表わしやすいでしょう。

「統計をとるための技術」と言われると、どうしても数学の道具（統計学の理論）だけを連想してしまいます。統計の専門用語や数学理論をたくさん勉強すれば、確かに「統計学」には詳しくなるでしょう。しかし、「実生活で統計をうまく活用できるようになるか」といえば、それはまた別の問題です（もちろん統計学を勉強することも大事ですが）。

この段階では、「本来は数値で表わせないことをどうやって数値化するのか」を考えながら、うまくデータを集めることが、統計をうまく活用するためのキモとなります。

Part 4
04

## 調査につきものの〝偏り〟
# アンケートにひそむ問題点

「もともと数字で表わされるデータ」を統計で扱うのは簡単です。「本来は数字で表わせないもの」を統計で扱うためには、あとからうまく数値化できるように、調査段階で工夫をする必要があります。人の好みや考え方は、「本来は数字で表わせないもの」の代表例です。

人の頭の中にあるものを直接計測することはできません。したがって、人の好みや考え方についいて統計をとりたいときは、まずアンケート調査によってデータ収集を行ない、そのアンケートを集計することで統計を組み立てる――という流れになります。

ところが「アンケート」という手法は、ある意味「**絶対に正しいデータが得られない**」という宿命を背負っています。原因は人間の心にあります。別に、アンケートという手法に欠陥があるわけではなく、アンケートに関わる人間に問題があると言ってよいでしょう。人間側に問題があるので、「技術が進歩すれば、いつかアンケートで正しいデータが得られるようになる」ということは、おそらく期待できません。

例えば、年収に関する街頭アンケートを実施するケースを考えます。方法としては、街を歩いている人を適当につかまえて「あなたの年収

職業は何ですか？
よろしければ年収を教えてください
会社員です
だいたい500万円くらいですね～
本当は年収200万円のフリーターだけど……



## 人間が相手の場合、データをとる時点でノイズが入る。

はいくらですか？」とたずねるだけです。ところが、たったこれだけのことで、データに不正確な情報（ノイズ）が入ってしまうのです。

前にも述べましたが、人間はどうしても見栄を張る生き物です。年収のようなプライベート情報を直接たずねられたら、見栄を張って大きめの金額を答えてしまう人が必ず出てきます。これが、アンケートで正確なデータを得ることができない理由です。

### 「標本の抽出」を同時に行なう問題

アンケート調査には、「嘘の混入」のほかに、もうひとつ問題があります。街頭アンケートを実施する際の手順を考えてみましょう。

アンケートの調査員はまず、街を歩いている人を適当につかまえます。そしてアンケートへの協力をお願いし、相手に承諾してもらえば、そこで初めてアンケートをとることができます。

これは、実質的に「標本の抽出」と「データ収集」が同時に行なわれることを意味します。「歩いている人を適当につかまえてアンケートへの協力をお願いする」という行為が、「標本の抽出」にあたります。そして、実際にアンケートの質問に答えてもらうプロセスが「データ収集」にあたります。実はこの状況（標本抽出とデータ収集を同時に行なう状況）が、「**データの偏《かたよ》り**」をもたらすのです。

なぜでしょうか？

本来、「標本の抽出」は、慎重によく考えて行なう必要があります。偏りが出ないように、母集団からまんべんなくランダムに標本を選ばなくてはなりません。街頭アンケートでは、それが非常に難しいのです。

街頭アンケートではそもそも「その道を歩いている人」しかつかまえられません。日頃から車を利用している人や、あまり外を出歩かないお年寄りなどは、標本に選ばれにくいことになります。これがデータの「偏り」につながります。

また、アンケート調査員も人間です。「歩いている人々の中から、完全にランダムに標本を抽出する」といったことは、なかなかできません。あからさまに怖そうな人や、わき目もふらずに歩いている人は、調査員も声をかけづらいでしょう。これも「偏り」につながります。

そもそも、同じ場所でアンケートをとり続けていたのでは、地域的な「偏り」が生じてしまいます。ですから、なるべく多くの場所で街頭アンケートを実施すればよいのですが、現実にはコストの面などで難しいことがあります。

街頭アンケートが「偏り」の原因になるのであれば、郵送によるアンケートを行なえばどう

| | |
|---|---|
| 街頭アンケート | あまり外出しない人、身体の不自由な人、車を利用する人などが選ばれにくい。 |
| 郵送アンケート | 律儀に返送してくれる人は限られる。 |
| Webアンケート | 機械が苦手な人、お年寄りなどが選ばれにくい。 |



## いかなる方法で調査しても、「標本の偏り」は避けられない。

でしょうか？　それでもやはり「偏り」は避けられません。自分にとって何の得にもならないアンケートにわざわざ回答して郵送してくれる人は、限られるからです。

では「アンケートを返送してくれた人には謝礼を支払う」と謳えば、いろんな人からアンケートを回収できるのではないでしょうか？

その場合も、「謝礼の金額に魅力を感じないお金持ち」は、なかなか返送してくれないと予想できます。また、「謝礼さえもらえれば、あとはどうでもよい」と割り切って考える人なら、肝心のアンケートにむちゃくちゃな回答を書いてよこすかもしれません。もちろん、アンケート調査からノイズや偏りを排除するため、日々さまざまな工夫が重ねられているのも事実です。しかし、調査の対象が人間である以上、ノイズや偏りを完全になくすことはできないのです。

Part 4 05

# 肝《きも》は道具の数ではなく、その使い方
# ステップ③ 集計と分析

最初に、統計調査を行なう目的を明らかにし、その目的に沿って母集団を決定し、（標本調査を行なう場合は）母集団から標本を抽出し、その標本に対して実際に調査を行なってデータをとる——。ここまでの手順が終われば、次はいよいよ調査結果（データ）を集計して、分析を行ないます。

パソコンなどのＩＴが発達した現在、こうしたデータの集計や分析は、とても簡単になりました。表計算ソフトウェアを使えば、平均値や中央値といった指標の計算も一発で終わります。ヒストグラムやグラフの作成も、パソコンがほぼ自動でやってくれます。

ここで人間が頭を使ってやるべき仕事は、「どんな指標を採用すればよいのか」「どういう分析を行なえばよいのか」「どういうグラフで表現すればよいのか」といった判断だけです。

確かにやることは判断〝だけ〟なのですが、この判断を適切に下すためには、あらかじめ統計の知識をきちんと身につけておくことが必要です。

ただし、くどいようですが「統計学に詳しくなること」と「統計をうまく利用できるようになること」は別の話です。

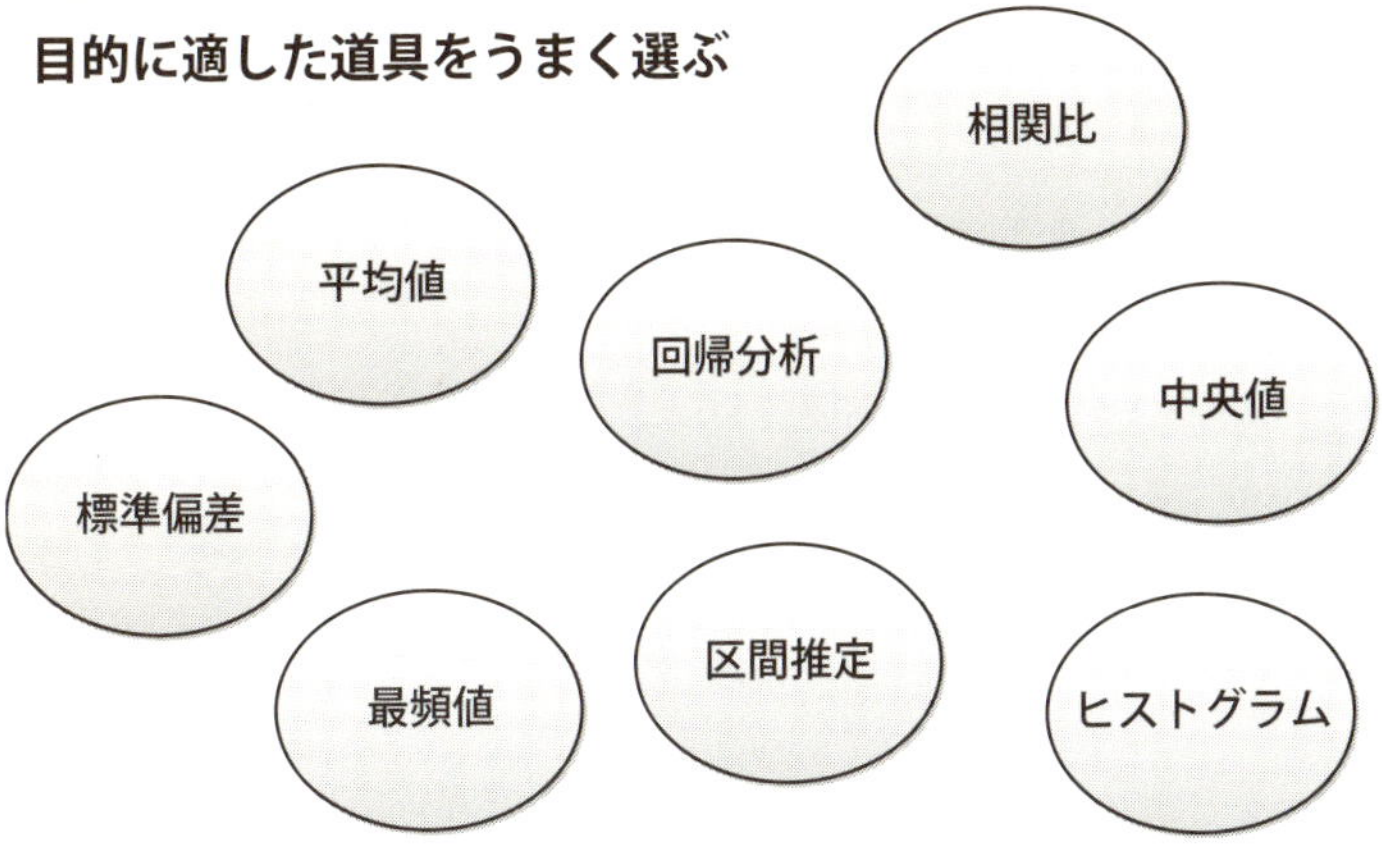
目的に適した道具をうまく選ぶ
相関比
平均値
回帰分析
中央値
標準偏差
区間推定
最頻値
ヒストグラム



## ステップ❸ 収集したデータを分析する。

平均値や中央値といった、中学レベルの数学知識だけでも、きちんと使いこなせば強力な武器となります。逆に言うと、区間推定や回帰分析といった小難しい道具をいくら勉強しても、きちんと使いこなせなければ意味がありません。

道具をたくさん持っている人より、限られた道具をきちんと使いこなせる人のほうが偉いのです。

誰もが知っている「平均値」をとってみても、それが適切に使える場面（テストの平均点など）と、あまりうまく機能しない場面（平均年収など）が存在します（☞第3章05参照）。

「どんなときにうまく機能するのか」または「どんなときにうまく機能しないのか」を判断できる感覚を養うことが大事です。この感覚を身につけるためには、日頃から統計をたくさん利用し、経験を積むのがベストです。

Part 4
06

## 母集団の姿を浮き彫りにする ステップ④
# 分析から解釈・活用へ

厳密に言うと、「統計的手法」は、「ステップ①」から「ステップ③」までで終了です。母集団に対して何らかの調査を行ない、平均値を算出した。——それだけでも、統計学的には、「母集団の傾向・性質がわかった」と言ってかまわないでしょう。

とはいえ、「数学のテストの平均点が68点だった」という結果を見て、「数学のテストの平均点が68点ということがわかりました」と主張するだけでは、意味がありません。

数学のテストの平均点が68点だった。そして、自分の点数は52点だった。だから、自分はもう少し頑張って数学を勉強しないといけないことがわかった。——こうした結論を出せれば、まず上出来です。

本項でやるべきことは、「ステップ③」で導き出した分析結果を見て、そこからさらに**「意味のある情報」を引き出す**ことです。その情報を元に、**「今後、何をどうすべきか」という具体的アクションにつなげる**ことができれば、初めて「統計を使いこなせた」と言えるでしょう。

ですから、いくら統計的手法を駆使したところで、ひとつだけぽつんと指標（例えば平均値）を算出しても、役に立ちません。数字というも

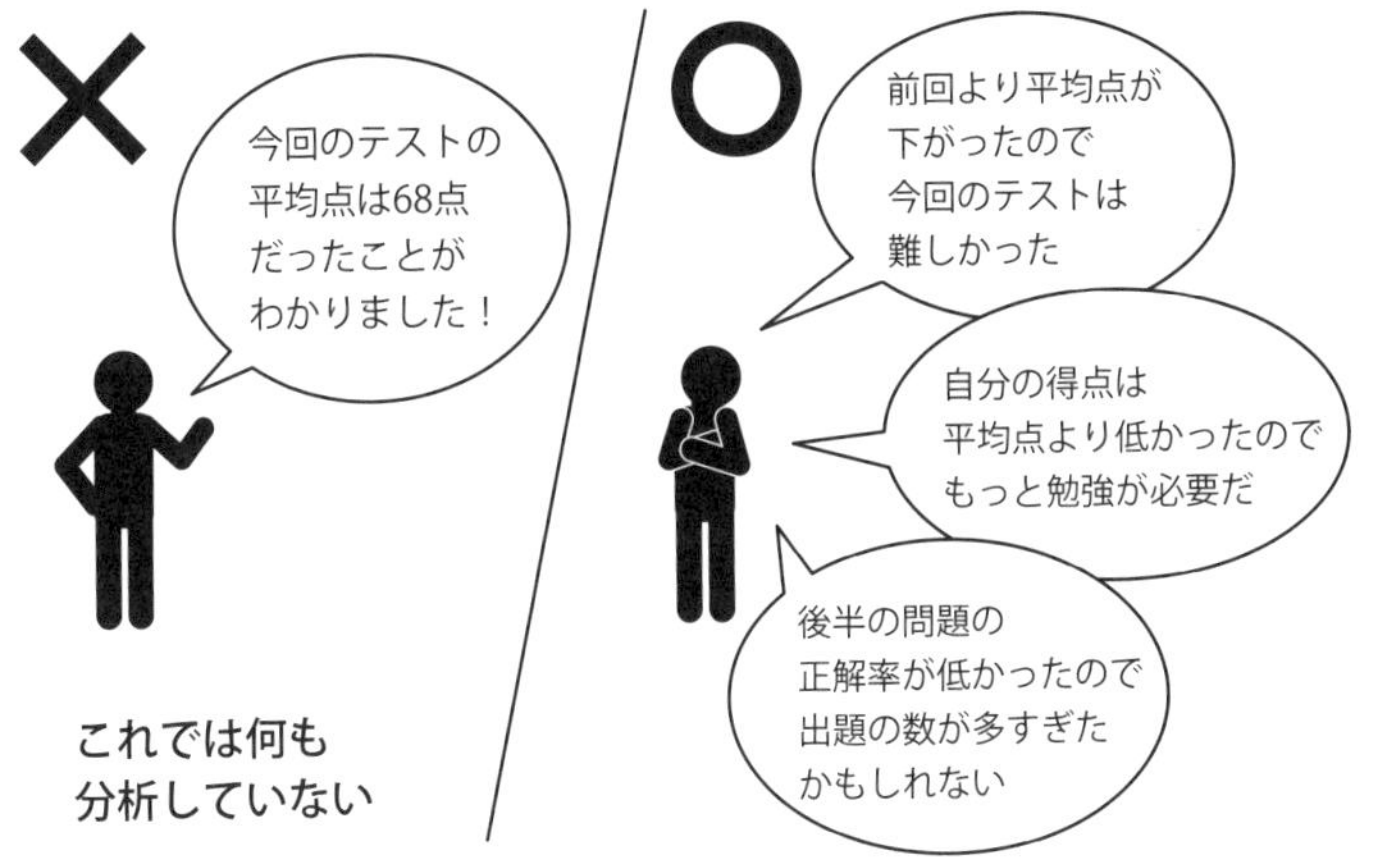




## ステップ④ データの傾向・性質について考察する。

のは、少なくともふたつ以上のものを比較しないと、役に立たないのです。

ひとつだけぽつんと平均値を出しても意味はありませんが、時間を置いてあらためて（同じ母集団に対して）平均値を出せば、何らかの変化（傾向）が読み取れます。これなら役に立つかもしれません。

まったく異なるふたつの母集団に対して同じ調査を行ない、「母集団Aの平均値」と「母集団Bの平均値」を比べることでも、何か役に立つことがわかるかもしれません。いくつか例を挙げて、実際に考えてみましょう。

**【問題1】** 2012年1月20日の日経平均株価は8766円、2013年1月20日の日経平均株価は10747円だった。
ここから何がわかるか？

1年の間に、日経平均株価は約2000円上昇しました。株価と景気はだいたい連動しますから、「日本の景気は良くなっていそうだ」と言えるでしょう。

株価というものは日々変化するものです。なので、ピンポイントにふたつの数字を比べるだけでは、本当はあまり意味がありません。

ただ、「日経平均株価」は225社の株価をもとに算出した平均値ですから、ある程度は参考になります。

**【問題2】** あるクラスの期末テストでは、数学の平均点が68点、英語の平均点が91点だった。

ここから何がわかるか?

このクラスの生徒は数学より英語のほうが得意だ――とは言えません。数学の成績と英語の成績はまったくの別物です（母集団が異なる）。

確かに、このクラスの生徒は英語が得意な可能性もありますが、「単に英語のテストが易しかっただけ」という可能性もあります。まったく異なる基準（テスト）によって出てきた数字をふたつ比べても、何もわかりません。

**【問題3】** ある県で、中学2年生の学力テストを行なったところ、「朝食を毎日食べる子」の平均点は65点、「朝食を食べることが多い子」の平均点は55点、「朝食をまったく食べない子」の平均点は47点だった。

ここから何がわかるか?

平均点を比較すると、「朝食を食べる子のほうが（食べない子よりも）成績が良い」と言えます。

必ず朝食を食べる
グループ
朝食を食べることが
多いグループ
朝食をまったく
食べないグループ
平均65点
平均55点
平均47点



## 「朝食には頭が良くなる成分が含まれている」と言えるか？

先ほどの「問題2」とは違って、このケースでは生徒全員が同じテストを受けています。よって、点数を比較することに意味があります。

さて、「朝食を食べる子のほうが成績が良い」ことがわかりましたが、このことから「朝食を食べれば成績が良くなる」と言えるのでしょうか？

普通に考えれば、勉強しない限り成績が良くなるはずがありません。当然、朝食を食べたからといって、成績が良くなるはずがありません。しかし、統計から導かれたデータを見ると、確かに「朝食を食べる子のほうが成績が良い」という結果が出ています。これはどういうことでしょうか？

――この謎については後ほど解説しましょう（☞第5章11参照）。それまで皆さんへの宿題とします。

# Part 5

# 統計にダマされない！

Part 5 01

# 比較して初めて意味を持つ数字
# 数字を見る心構え

第4章では、「統計のとり方（統計の作り方）」について説明しました。この章では、「すでに存在する統計（誰かが作った統計）」を〝上手に見る〟方法について考えましょう。

「統計を見せる側」にとっては、「具体的な数字を示すことで意見に説得力を出せる」というのが統計のメリットです。これを「統計を見る側」の視点で言い替えると、「**相手に具体的な数字を示されると、なんとなく説得されてしまう**」ということになるでしょう（☞第1章04参照）。

私たちはなぜ、数字を見ると納得してしまうのでしょうか？

身も蓋もない言い方をすると、みんなが「数字に説得力がある」と思い込んでいるからです。「具体的な数字が出てくる以上、何か根拠があるはずだ」「まったくのでっちあげで、細かい数字が出てくるはずがない」――私たちは、ついこのように考えてしまいます。

また、登場する数字は、半端な値のほうが説得力が増します。「この製品を導入した企業は生産性が平均で37・1％も向上しました」と言われると、なんとなく納得してしまいます。「中途半端で細かい数字だから、何らかの具体的な分析の結果として出てきた値に違いない」と、

弊社の製品を導入した
顧客は、生産性が37.1％も
向上しました！
それはすごい！
いま適当にでっちあげた
数字だけどね…



## 自信満々に数字を出されると、つい説得されてしまう。

思い込んでしまうのです。

もう少し正確に言えば、「数字に説得力がある」のではなく「数字が出てこない情報に説得力がない」と言うほうが実情に合っているでしょう。「数字を示されたからといって、必ずしも説得力があるとは限らないが、数字すら示されない情報は、なおさら説得力がない」とも言えます。

数字も何も示さず、いきなり「この商品はよく売れています」とだけ言われても、説得力がありません。なぜなら、「よく」の基準が人によって違うため、単に「よく売れています」と言われても、聞いている側はピンとこないのです。「基準がわからないので納得できない」「人によって基準が違うから何とも言えない」――というのが説得力に欠ける原因ですから、何か基準さえ示せば（たとえ数字を示さなくても）説得力は出るはずです。

例えば「この商品は当店で最も売れています」と言えば、ある程度の説得力は出ます。客は「その店に並んでいる他の商品」を〝**基準**〟とすることで、比較が可能になるからです。

逆に、「数字を示しても説得力が出ない」というケースもあります。明確な基準がわからない数字をいきなり突きつけられても、何も判断できないからです。

例えば「英語のテストで81点をとった」と言われても、それだけでは成績が良いのか悪いのかわかりません。確かに81点という数字そのものは悪くありませんが、ひょっとしたらテストが簡単だった可能性もあるでしょう。

ほかの人がもっと良い点をとっているのであれば、81点という成績は必ずしも良いとは言えません。ほかの人がみんな60点以下の中で、ひとりだけ81点もとれたのなら、とても優秀と言えるでしょう。そこで「テストの平均点」が意味を持つのです。平均点という基準があれば、「平均点」と「81点という数字」を比較することで、成績の良し悪しを判断できます。

数字というものは、ふたつ以上を並べて比較することによって初めて意味が出るのです。

しかし、中には、ぽつんとひとつだけ数字を示しても、説得力が出るケースがあります。

例えば「安倍内閣の支持率が76・1％になった」というニュースを見れば、「安倍内閣を支持している人が多いんだな」ということがわかるでしょう。「百分率は全体で100％になる」ということと「支持率の調査は原則として『支持する』と『支持しない』のふたつの答えしかない（『どちらともいえない』を入れても3つしかない）」ということをあなたが知っているからです。

当たり前すぎてわざわざ意識しないでしょう

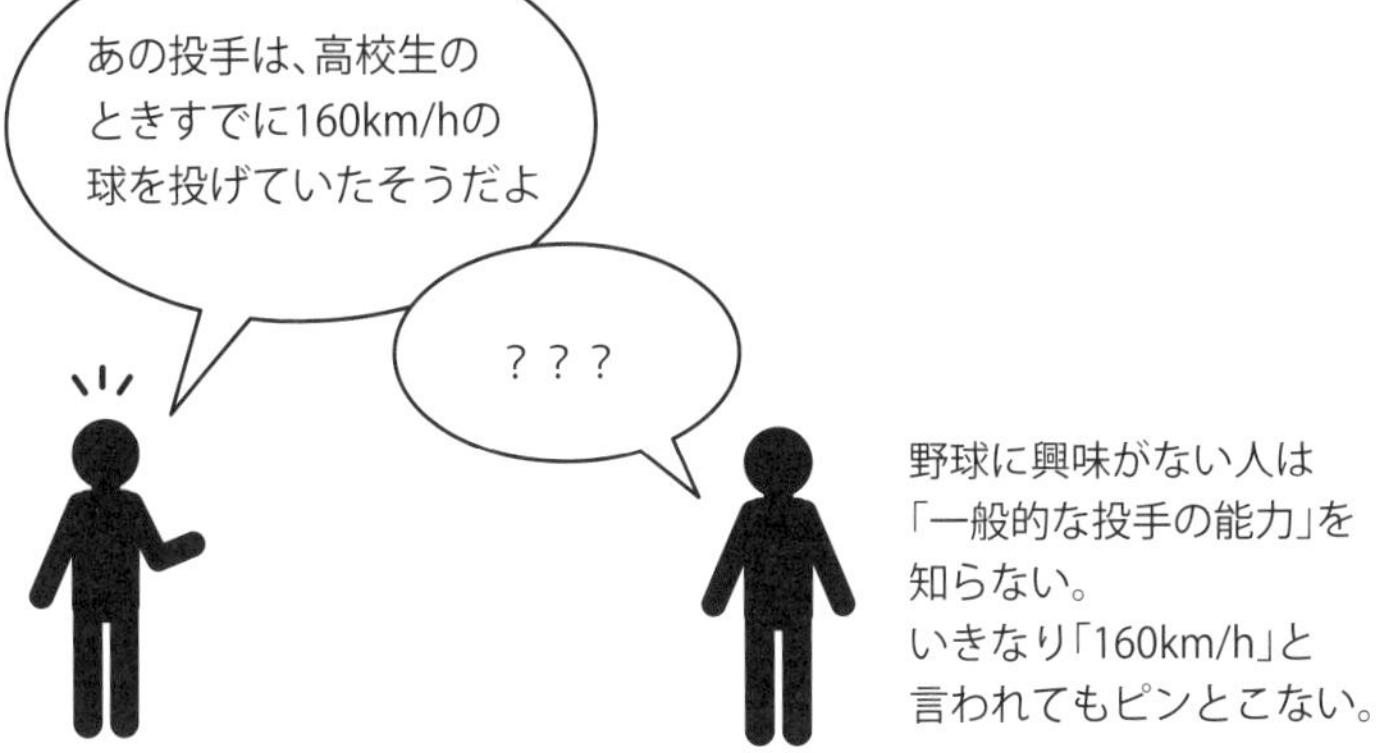
あの投手は、高校生の
ときすでに160km/hの
球を投げていたそうだよ
？？？
野球に興味がない人は
「一般的な投手の能力」を
知らない。
いきなり「160km/h」と
言われてもピンとこない。



## 具体的な数字を出しても、説得力が出ないこともある。

が、「百分率は全体で１００％である。支持する人が76・１％いる。ということは、支持しない人はせいぜい23・９％である。だから安倍内閣を支持する人のほうが多い」という計算を、われわれは頭の中でやっているのです。

もうひとつ例を挙げましょう。

「日本ハムの大谷翔平投手は、高校生のときに時速１６０キロの球を投げることができた」

この文を見て「それはすごい」と思う人は、そこそこ野球を知っている人です。「野球の投手の球速はだいたいこれくらい」という頭の中の〝基準〟と「時速１６０キロ」という数字を、無意識に比較した結果、「すごい」という結論を導いたのです。逆に、「時速１６０キロ」と言われてもピンとこなかった読者もいたでしょう。そういう人は野球のことをあまり知らないので、比較対象の〝基準〟が頭の中になかったのです。

Part 5
02

# 売上100億円でも良い会社とは限らない？
# 言葉のイメージに惑わされるな

ここで、「良い会社とは何か」について考えてみましょう。

人によって「**良い会社**」の定義は異なるでしょう。サラリーマン（労働者）にとっては、給料をたくさん出すのが「良い会社」かもしれません。消費者にとっては、自分の気に入った商品を提供してくれるのが「良い会社」でしょう。

ほかにも「良い会社」の定義はいろいろあるでしょうが、ここでは経営者か投資家になった気分で、「業績が良い会社（つまり、たくさんお金を稼ぐ会社）」を「良い会社」と定義しましょう。

**【問題】**「去年（1年間）の売上が100億円のA社」と「去年（1年間）の売上が5億円のB社」では、どちらが良い会社でしょうか？

数字だけを見ると「A社のほうがたくさんお金を稼いでいる」と言えますが、だからといって本当に「良い会社」なのかどうかは、わかりません。

「売上」とは、会社に入ってきたお金の総額です（厳密に言うとこれは正しくないのですが、いまはこういうことにします）。

でも本当は、会社に入ってくるお金のほかにも、「会社から出ていくお金」があるはずです。一般的には、製品を作るための原材料費や、社員の給料、税金などが、会社から出ていくお金です。

「売上」はあくまで会社に入ってくるお金だけを表わした数字ですから、これだけでは「会社からどれくらいのお金が出ていっているのか」がわかりません。

ひょっとしたら、売上が１００億円のA社は、原材料費や人件費に１２０億円くらい使っていて、万年赤字経営かもしれません。もしそうなら、A社はとても「良い会社」とは言えないでしょう。

そこで、会社の業績を示す指標として「利益」が登場します。



利益＝（会社に入るお金）－（会社から出ていくお金）

利益は、「入るお金」と「出るお金」の両方で表わされた数字なので、単なる「売上」よりは、会社の業績をよく表わしていると言えます。

**【問題】**「去年（1年間）の利益が10億円のC社」と「去年（1年間）の利益が1億円のD社」では、どちらが良い会社でしょうか？

当然、C社の業績のほうが良い……と言えそうですが、必ずしもそうとは言えません。

なぜなら、C社が稼ぎ出した10億円は、「会社としての本業」が生み出したものとは限らないからです。ひょっとしたら、本業の仕事は大赤字なのに、リストラで自社ビルを売り払ったことで、一時的に大きな利益が出ただけなのかもしれません。

会社というものは、何年も事業を続けていくことが重要なので、「本業の仕事でちゃんとお金を稼いでいるか」が一番大事です。不動産の売却のような「一時的なお金」がいくら多くても、本質的な業績とは関係ありません。

一般に、「良い会社は売上も利益も多い」とは言えますが、「売上も利益も多いから良い会社だ」とは、必ずしも言えません。逆に言えば、「大赤字だからダメな会社だ」と決めつけることもできません。業績が良い会社であっても、「新しい工場を建設した直後」とか「新しい店舗を開業した直後」といったタイミングなら、たくさんお金が出て行くのが当たり前です。

企業価値を評価する際は、「なぜそのお金が入ってきたのか（出ていったのか）」をきちんと見る必要があります。

もうひとつ例を挙げましょう。

「**犯罪発生率**」という数字を考えます。

さきほど例に挙げた「売上」や「利益」は、特定の会社の成績を表わす数字なので、「統計」ではありませんでした。犯罪発生率は、「人口10万人に対して（1年間で）どれだけの犯罪が起きたか」を示す数字であり、立派な「統計」です。

もしも治安が良ければ、犯罪発生率は低いはずです。しかし「犯罪発生率が低ければ治安が良い」と言えるかは、微妙です。

そもそも「犯罪」は、どうやって起きるのでしょうか。窃盗や強盗は確かに「犯罪行為」ですが、それをやっただけでは「犯罪」になりま

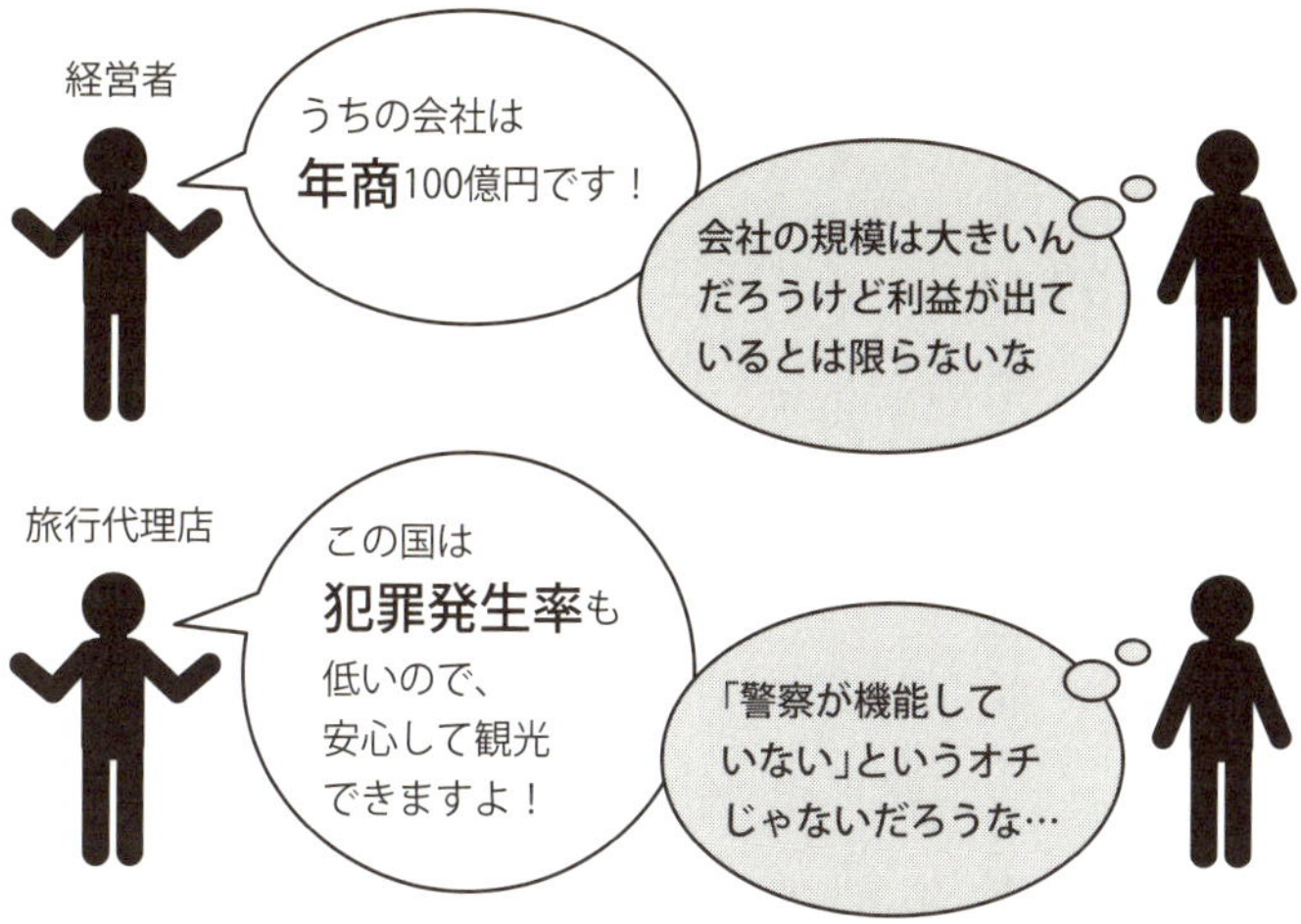
経営者
うちの会社は年商100億円です！
会社の規模は大きいんだろうけど利益が出ているとは限らないな
旅行代理店
この国は犯罪発生率も低いので、安心して観光できますよ！
「警察が機能していない」というオチじゃないだろうな…



## 「言葉の正確な定義」を意識する。

せん。刑事裁判で有罪になって、初めて「犯罪」となります。

ということは、犯罪行為がたくさん行なわれているにも関わらず、「警察が怠けたので、刑事裁判で有罪になる人が減った」という状況もありえます。その場合、犯罪発生率は低くなるでしょうが、現実の治安は逆に悪化しているでしょう。

数字を見るときは、**「その数字がどういうときに増えるのか」「どういうときに減るのか」「増えたから何だというのか」「減ったら何だというのか」**――といった問いかけを自分の頭の中で行ない、ある程度は批判的に（ひねくれて）解釈する必要があります。

単に言葉のイメージだけで「利益が高いから良い会社」「犯罪発生率が低いから治安が良い」と断定してしまうと、正しい姿は見えません。

Part 5
03

## 巷にあふれる統計モドキにご用心！
# 本当に根拠がある数字なのか？

「統計」として表現されている（ように見える）数字が、実は統計でも何でもないことがしばしばあります。いい加減な数字なのに、あたかも「統計」のように見せかけ、わざと読者の誤解を誘うのです。

いい加減な数字が世の中にあふれてしまう理由はふたつ考えられます。ひとつめは、**「とにかく数字さえ出せば説得力が上がる」という誤解が世の中にある**ことです。

実際には「基準のよくわからない数字を示しても意味がない（☞第5章01参照）」はずですが、数字に苦手意識を持っている人ほど、根拠のない数字を妄信してしまう傾向にあるようです。

――私はいま、ここで「～という傾向にあるようです」と書きました。

でも、本当にそんな傾向があるかどうかは知りません。私は統計をとって調べたわけでもありません。「自分の周囲の人々を見る限り、そういう傾向が見て取れる気がする」という程度の話です。だから、私の認識が間違っているかもしれません。

この本は、「統計」をテーマにした書籍ですが、それでも「多くの～」とか「～が多いでしょう」といった、何の根拠もない表現があふれていま

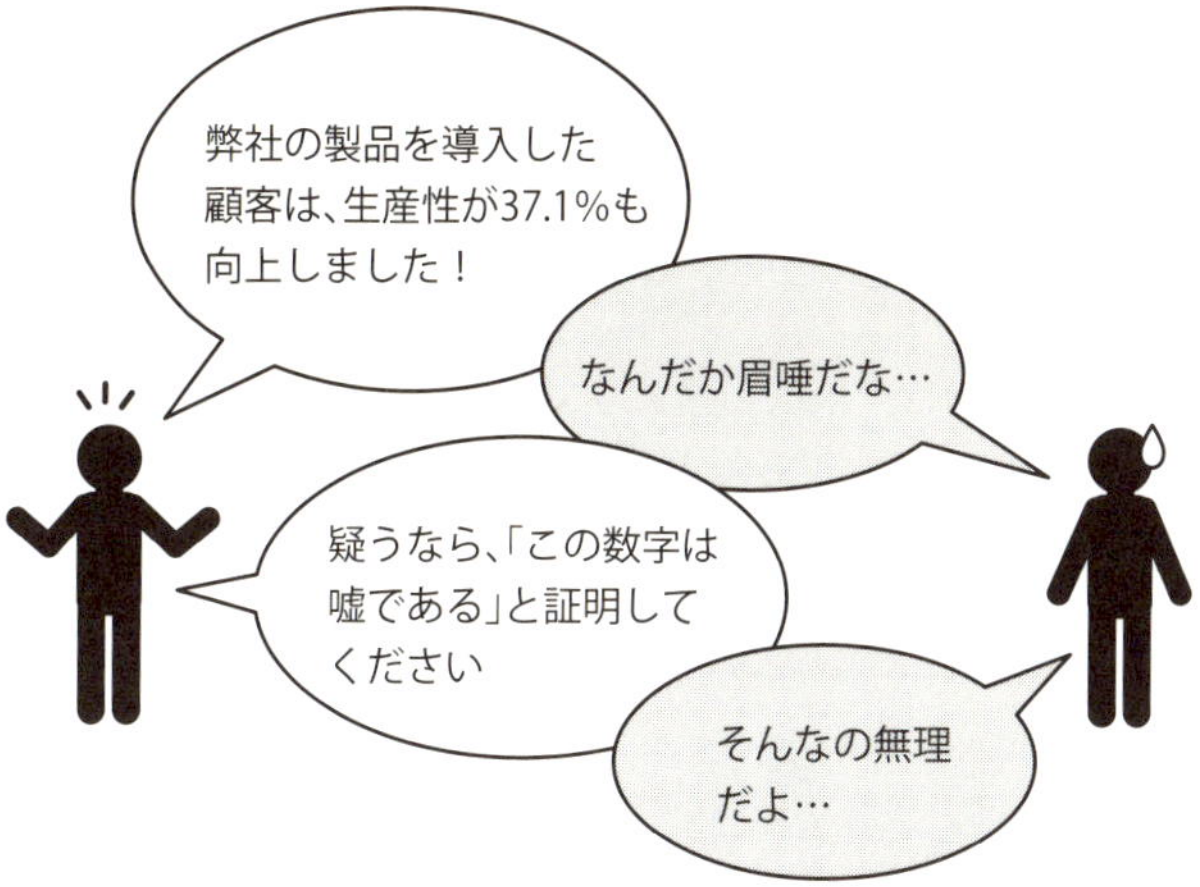
弊社の製品を導入した顧客は、生産性が37.1%も向上しました！
なんだか眉唾だな…
疑うなら、「この数字は嘘である」と証明してください
そんなの無理だよ…



## 嘘の統計を「嘘」と証明するのは難しい。

す。私は、わざと読者の誤解を誘おうとは思っていないので、「多くの～」とか「～が多いでしょう」という表現でとどめています。

しかし、やろうと思えば、「数字に苦手意識を持っている人の76％は、数字を妄信する傾向があるとわかりました」などと書くこともできるのです。

いま出した「76％」という数字はもちろんでっちあげですが、**「この数字がでっちあげである」と第三者が証明することは容易ではありません。**

これが、「いい加減な数字が世の中にあふれてしまう理由」のふたつめです。

「統計」として示された数字が仮に大嘘だったとしても、第三者が「この統計は嘘である」と指摘するのは極めて困難です。本気で「嘘の統計」を見破ろうとするなら、「自分も同じ統計をとってみる」しかありません。これは一種の追

試です。

自分の手でまったく同じ統計をとってみたところ、確かに前出の統計とは、かけ離れた結果が出たとしましょう。それでも、「前出の統計はデタラメだった」と断言することはできません。

第4章で説明したとおり、統計を作るプロセスの中には、統計の結果に直接影響をおよぼす要素がいくらでもあります。標本のばらつきが少し異なるだけで、まったく別の結果が出ることもあるでしょう。

また、前の統計から少しでも時間がたてば、状況は変わります。時間経過による自然な変化によって、違った統計結果になったのかもしれません。

本気で嘘の統計を出されてしまった場合であっても、「この統計は嘘ではない」という言い訳は簡単にできてしまうのです。

①「とにかく数字さえ出せば説得力が出る」という誤解が根強い。
②「統計」として出された数字が嘘なのか本当なのか検証するのは難しい。

このふたつの理由によって、いい加減な〝統計モドキ〟とも言える数字が世の中にあふれる結果になっていると考えられます。

私たちが「統計を見る側」に立ったとき、嘘の〝統計モドキ〟に騙されないためには、できるだけ「数字の根拠」を確認することが必要です。

まっとうな方法で作られた統計であれば、「その統計が作られた時期」と「その統計を作った者」が、必ず表示されているはずです。グラフの隅や、表の欄外に「2013年 厚生労働省調べ」などと表示されていることがあります。こ

**それは本当に「統計」なのか？**

具体的な数字が出ているか？　経験上のイメージだけで語られていないか？

**誰が作った統計なのか？**

公的機関や第三者機関による統計なら安心。
「当社調べ」「当社比」などは疑うべき。
主語が明記されていない数字（受け身表現など）は嘘と断定してよい。

**いつ作られた統計なのか？**

古すぎる統計は役に立たない。
作成時期がわからない統計は嘘と断定してよい。



## まっさきに疑うべき３つのポイント。

の、普段は気にもとめないような、たった１行の情報が、統計の正しさを保証するのです。

インターネットを使ってあらゆる情報を取れるようになったいま、「いつ誰が作った統計なのか」がわからないような統計は、すべて嘘と断定するくらいで、ちょうどよいでしょう。

また、文章の中に登場する数字も疑いましょう。特に、「受け身」の表現で示される数字は、まず嘘です。例えば「アメリカでは、実に70％の家庭でA社の製品が利用されていると言われています」――このような文です。

この文を読んだだけでは、「実際にそう言っているのは誰なのか」が何もわかりません。受身で表現することによって「主体が誰なのか」を隠す、日本語特有の言葉のマジックです。

このような文中で出てくる数字は、すべて嘘と断定してかまいません。

Part 5
04

スマートフォン調査の解読①

# 誰がどんな方法で調査したのか？

**【記事】iPhoneとAndroidスマートフォンを両方使ったことがある人が他人に勧めるのは？**
知人などからスマホ購入の相談を受けた場合、「iPhoneを勧める」という回答が78．5％に。

これは、ITmedia社のウェブニュースの記事を一部抜粋したものです。ここからしばらく、この記事を題材に「統計をどう解釈すればよいか」について考えていきましょう。

「iPhone」は、米アップル社のスマートフォンの製品名です。対する「Android」は、米グーグル社が提供する携帯端末用の基本ソフトウェア（OS）の名前です。ひとくちに「Android」といっても、いろんなメーカーのさまざまな製品に搭載されているわけです（一方、iPhoneは〝アップル社のiPhone〟しか存在しません）。

2013年2月現在、iPhoneとAndroidは、スマートフォン市場のシェアをほぼ二分する人気を誇っています。ちなみに私の主観では、電車や繁華街で見かけるスマートフォンの比率は「半々」といった印象ですが…これはほんとう

**それは本当に「統計」なのか？**

統計の作成者、作成時期、調査方法などがすべて明記されている。

**誰が作った統計なのか？**

ジャストシステム（ATOKや一太郎で有名な会社）によって作成された統計で、それなりに信用できる。（ジャストシステムは、iPhoneとAndroidの両方にアプリケーションを提供している）

**いつ作られた統計なのか？**

2013年2月に作成されたもの。「最新の調査」と言ってよい。



## 「スマートフォンの実感調査」は信用できる統計か？①

に印象だけなので、ほぼ当てになりません。そもそも私は、あまりスマートフォンに興味がないので、他人の使っているiPhoneとAndroidを区別できていない可能性もあります。

さて、この記事では、「iPhoneとAndroidの両方を使ったことのある人の約8割は、知人にiPhoneを勧める」と謳われています。iPhoneの人気がここまで圧倒的だったとは、ちょっと驚きですね。

### この調査は何者が行なったのか？

このような記事に示された統計を見るときは、まっさきに「数字の根拠」を確認します（☞第5章03参照）。

この統計調査を行なったのはジャストシステムという会社です。日本語変換ソフトのATOKで、昔からとても有名な会社ですね。極端に

iPhone寄りの調査結果が出ていたので、「ひょっとしたらアップル社が出した調査結果かも?」と少しだけ心配しましたが、さすがにそうではありませんでした。

この手の統計では、「統計を実施した企業が、自らランキング1位に入っている」というケースがしばしばあります。まともな企業であれば、完全なウソ統計を並べて「自社が1位だ!」と言い張ることはないでしょう。が、「調査そのものが、明らかに自社に有利な状況で行なわれる」という程度なら、とても多く見受けられます。

一方、トヨタのディーラーの店内で「どのメーカーの車が好きですか?」というアンケートを取った場合、トヨタが1位になっても当たり前でしょう。トヨタのディーラーを訪れる人が全員トヨタ好きとは限りませんが、トヨタを嫌っている人がトヨタのディーラーを訪れるはずがありませんから。アンケート用紙を渡す前の段階で(ディーラーの入り口で)、調査対象が選別されていることになるので、公平な結果はとても期待できません(ここでトヨタを出したのはあくまでたとえ話。実際にトヨタがそのような調査をしているわけではありません)。

第5章03では、「数字の根拠がまったく示されない〝統計モドキ〟」の危険性に言及しました。少なくとも統計調査を行なった者の情報がきちんと明示してあれば、〝統計モドキ〟よりははるかにましです。とはいえ、「それが本当に公平な環境で実施されたのか」は、常に疑ってかかる必要があるでしょう。

冒頭の統計調査を行なったジャストシステムは、iPhoneとAndroidの両方に、日本語入力ソフト(アプリ)を提供している会社ですから、この統計で「iPhoneが有利になるよう数字を操

**どのような方法で調査したのか？**

ジャストシステムが運営するWebサイト（アンケート調査専門サイト）。

↓

**同一人物が容易に多重投稿できるようなシステムか？**

IDとパスワードによるログインが必要なので、極端な多重投稿は難しい。

人間相手のアンケート調査の場合、
「ノイズの混入」と「標本の偏り」が避けられない。
☞第４章04「アンケートにひそむ問題点」参照。



## 「スマートフォンの実感調査」は信用できる統計か？②

作している」とは考えにくい。したがって、ある程度は信頼できる（どちらかを一方的に宣伝する意図はない）と考えられます。

### どのような方法で調査したのか？

次に、「この調査は具体的にどのような方法で行なわれたのか」をチェックします。すると、ウェブサイトによるアンケートを集計したものだとわかりました。インターネットを利用したアンケートで、同一人物が何度も回答できる仕様になっていると、統計の信頼性が失われるので、注意が必要です。

ジャストシステムが今回の調査を行なったウェブサイトでは、ＩＤとパスワードを利用したログインが必須なので、「いたずら的な多重回答」をある程度は防げるようです（完全に防げるわけではないでしょうが）。

Part 5
05

# スマートフォン調査の解読②
# 調査対象者の顔ぶれは？

【記事本文】iPhoneとAndroidスマートフォンを両方使ったことがある人が他人に勧めるのは？

知人などからスマホ購入の相談を受けた場合、「iPhoneを勧める」という回答が78．5％に。
※調査を行なった会社はジャストシステム。調査方法はウェブを使ったアンケート。

続いて、「アンケートに答えたのはどんな人々か」について、もう少し掘り下げてみましょう。

記事の本文を見ると、調査対象について次のように言及されていました。

・現在スマートフォンを利用している人
・過去に「iPhone」と「Android」の両方を使った経験がある人
・調査対象の人数は計200人
・このうち、「現在iPhoneをメインで利用」が100人、「現在Androidをメインで利用」が53人、「両方の機種を同じ頻度で利用」が47人という構成

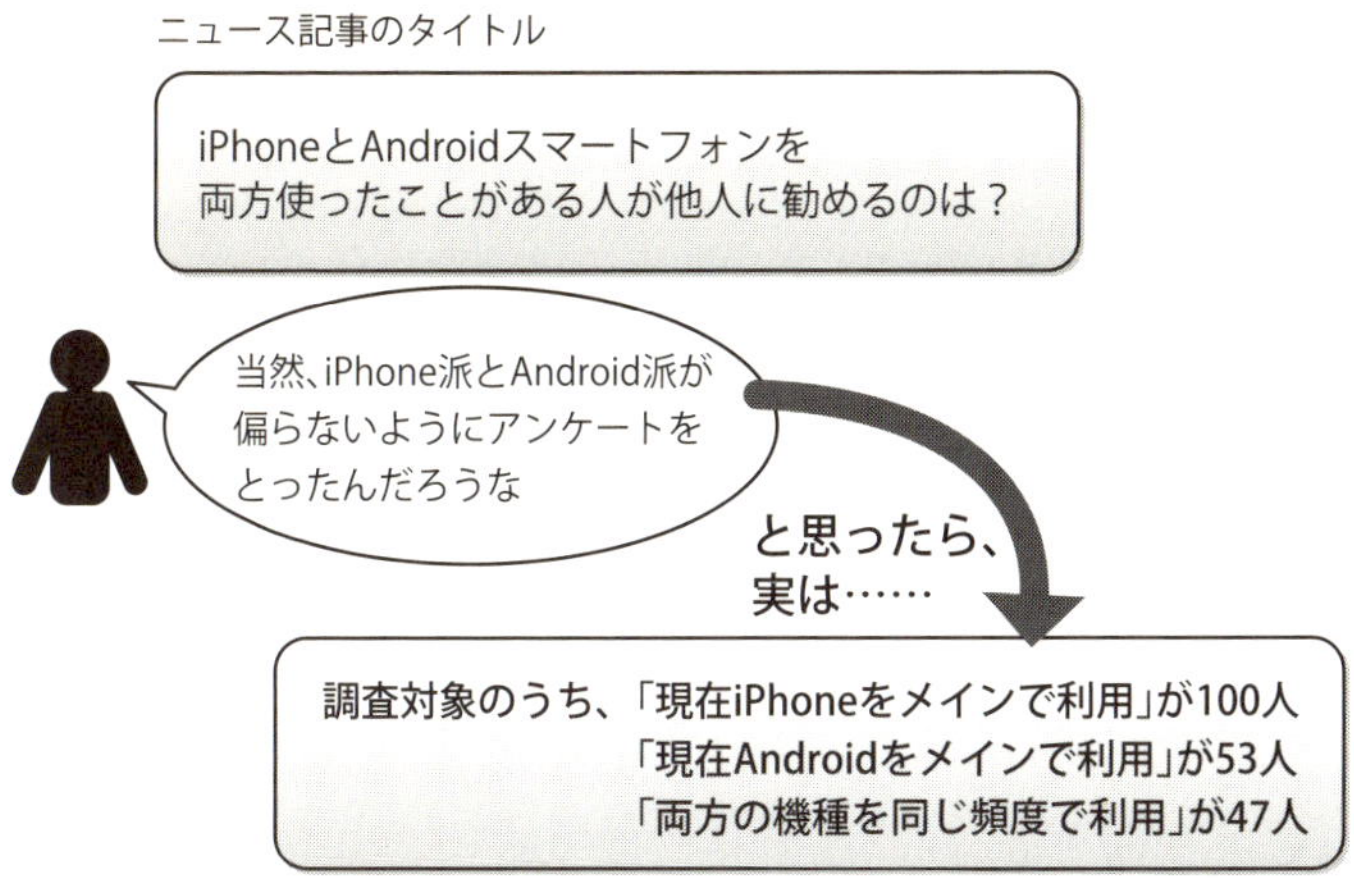
ニュース記事のタイトル
iPhoneとAndroidスマートフォンを
両方使ったことがある人が他人に勧めるのは？
当然、iPhone派とAndroid派が
偏らないようにアンケートを
とったんだろうな
と思ったら、
実は……
調査対象のうち、「現在iPhoneをメインで利用」が100人
「現在Androidをメインで利用」が53人
「両方の機種を同じ頻度で利用」が47人



## 「標本の偏《かたよ》り」をチェックしてみる。

なんと、調査対象となった人々のほとんどが、iPhoneユーザーだったのです。調査対象となった標本の中に、そもそもiPhoneユーザーが多く含まれていたのであれば、「知人にiPhoneを勧める人」が多くなるのは当然、という気がします。

では、調査対象２００人の中に「現在iPhoneを利用している人」は何人いるでしょうか。

現在iPhoneを利用しているが１００人、両方の機種を同じ頻度で利用しているが47人で計１４７人になります。つまり、調査対象２００人のうち、現役iPhoneユーザーが１４７人という結果になりました（うち47人は、Androidと一緒に使っています）。

ここでは、「『現在Androidをメインで利用している人』は、現在iPhoneをいっさい使っていない」と仮定しました。

同様に、「『現在iPhoneをメインで利用している人』は、現在Androidをいっさい使っていない」と仮定しました。

さて、「200人のうち147人は、現役でiPhoneを使っている」ということは、調査対象全体の73・5%が現役iPhoneユーザーになります。ちなみに、調査対象となった200人のうち「知人にiPhoneを勧める」という人が78・5%を占めていました。

この「73・5%」と「78・5%」のふたつの数字を比べることで、次の事実がわかります。

> 現在、Androidをメインで使っているにも関わらず、「知人にスマートフォンを勧めるならiPhone」と考えている人が、少なからずいる。

つまり、「知人に勧めたいスマートフォンと自分が使うスマートフォンは異なる」と考えている人が存在するのです。なぜそのような違いが出てくるのでしょうか？

この理由はふたつほど考えられます。

ひとつは、自分は過去にiPhoneを使っていたが、後からAndroidに乗り換え、現在に至る。その結果、昔使っていたiPhoneの良さをあらためて思い知った。自分はAndroidに乗り換えたことを後悔している。だから知人にはiPhoneを勧めたい（そして自分もiPhoneに戻りたい）というもの（理由①）。

もうひとつの理由は、「自分」と「知人」では、スマートフォンの使い方が根本的に違う。自分はAndroidを使いたいからAndroidを使う。自分知人はiPhoneを使ったほうがよいと思うから、iPhoneを勧める、というものです（理由②）。

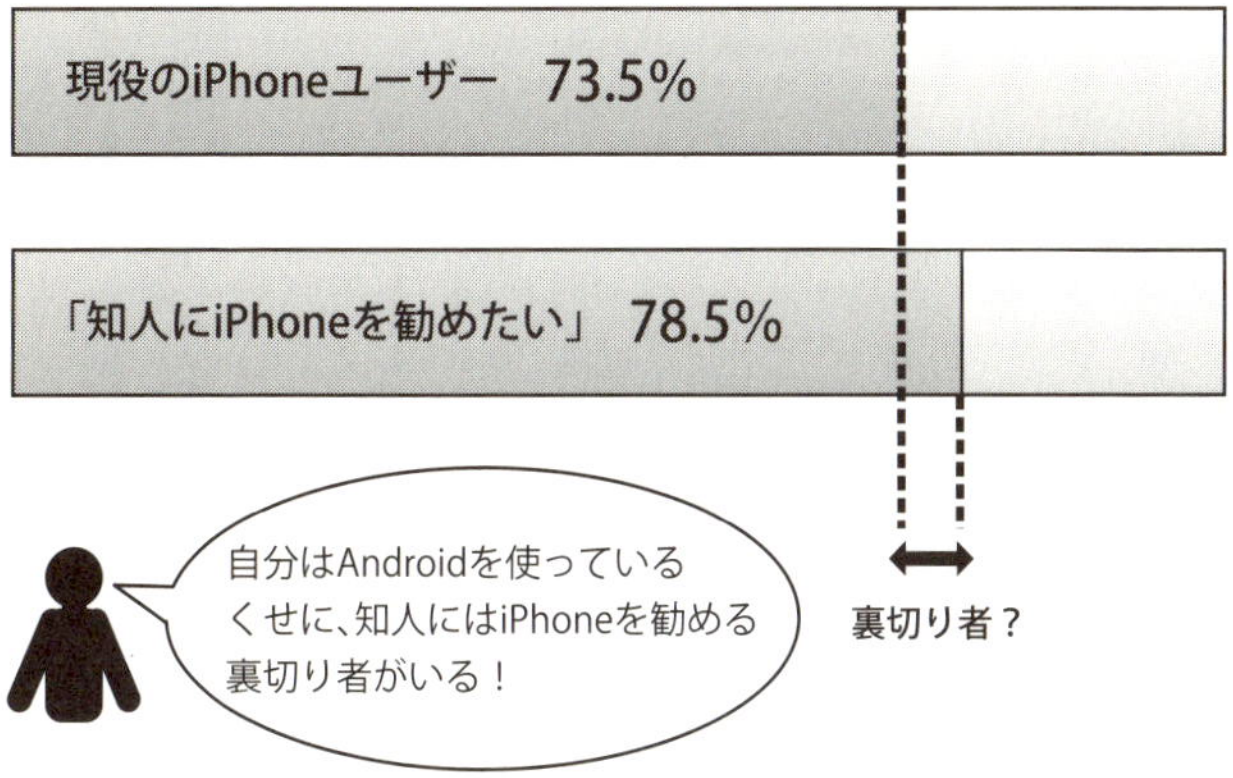
現役のiPhoneユーザー　73.5%
「知人にiPhoneを勧めたい」　78.5%
自分はAndroidを使っているくせに、知人にはiPhoneを勧める裏切り者がいる！
裏切り者？



## 統計の数字に突っ込みを入れてみる。

「理由①」は、「Android よりも iPhone のほうが優れているので、全員 iPhone を使ったほうがよい」という、わかりやすい考え方です。

しかし「理由②」は、「自分（アンケートに答えた人）とその知人で、スマートフォンの使い方が違う」という主張です。

こちらが事実だとすれば、「じゃあ両者はどこがどう違うのか？」という新たな疑問がわいてきます。

「理由②」が事実なら、アンケートに答えた人は「知人」にどんな人物像を想定しているのでしょうか？

——ITmedia 社の記事だけでは情報量が少なすぎるため、この疑問は解決できません。さらに詳しい情報を得るためには、直接ジャストシステムのウェブサイトにアクセスして、一次資料を見る必要があります。

Part 5
06

スマートフォン調査の解読③

# 実際の質問文からわかること

**【ここまでのまとめ】**

・「iPhoneとAndroidスマートフォンを両方使ったことがある人が他人に勧めるのはどちらの機種か」というアンケート調査を行なった結果、全体の78・5%が「iPhoneを勧める」と回答した。

・「調査対象となった人々が現在どちらの機種を利用しているのか」では、iPhoneユーザーのほうが多数派を占めていたものの、その割合は全体の78・5%よりも低かった。したがって「自分は現在Androidを利用しているにも関わらず、他人にはiPhoneを勧める」という人が存在する。

・仮に「自分はAndroidを使いたいが知人はiPhoneを使ったほうがよい」という主張だとすれば、**いったい「自分（調査対象となった人）」と「知人」はどこがどう違うというのか？**

この最後の疑問を解決するため、直接ジャストシステムのサイトにアクセスして、一次資料

もともとのアンケートの質問文

**もし、フィーチャーフォン（ガラケー）を利用中の知人から、スマートフォンの購入について相談されたとき、あなたはどちらのタイプを勧めますか？**

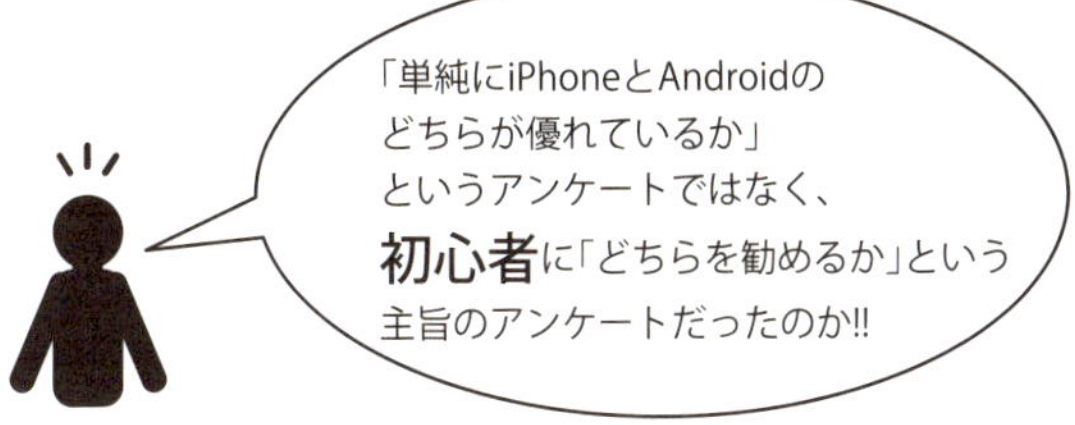
「単純にiPhoneとAndroidのどちらが優れているか」というアンケートではなく、
初心者に「どちらを勧めるか」という主旨のアンケートだったのか!!



## ❖「一次ソース」を見ると、新しい事実がわかる。

をひもといてみました。すると、「元々のアンケートに掲載されていた〝正確な〟質問文」が明らかになりました。

> **【正確なアンケートの質問文】**
> もしフィーチャーフォンを利用中の知人などから、どちらのタイプのスマートフォンを購入したらよいか相談を受けた場合、あなたはどちらのタイプのスマートフォンを勧めますか。

ITmediaの記事では省略されていましたが、実は「知人」に条件が設定されていたのです。「フィーチャーフォン」とは、「スマートフォンではない従来型の携帯電話（いわゆるガラケー）」を意味します。つまり「知人」とは、おそらく「スマートフォンを使ったことがない人」なのです。

これでやっと「自分はAndroidを使いたいが、知人はiPhoneを使ったほうがよい」という主張の背景が見えてきました。

「いままでいくつものスマートフォンを利用してきた自分」と「いままでスマートフォンを使ったことがない知人」では、スマートフォンに求めるポイントがおのずと変わってきます。

スマートフォンに慣れている人なら、高機能や高性能を優先するかもしれません。スマートフォンにデビューする人なら、高機能・高性能より、「とっつきやすさ」「使いやすさ」を優先したほうがよいでしょう。――このような予測をした上で、詳しい調査結果をさらに見ていくと、知人に勧める理由として、「使いやすいと思うから」「操作性が良いから」「アプリのストアが使いやすいと思うから」といった選択肢が上位にきていることがわかりました。さきほどの予測は、おおむね当たっているようです。

さらに調査結果を見ていくと、アンケート回答者の大多数が現在iPhoneを利用している一方、ほとんどの人が「将来的にAndroidのスマートフォンが主流になる」と考えているようです。

その理由として、「Androidのユーザーが増えている気がする」「Androidのほうがコストパフォーマンスが高い（iPhoneより割安）」という意見が圧倒的です。ちなみに、「iPhoneを知人に勧める理由」「将来的にiPhoneが主流になる理由」として、コストパフォーマンス（割安感）を挙げている人は少数です。

このことから、「自分はお金を出したくないから割安なAndroidを使うが、他人が払うお金はどうでもいいので、知人には割高なiPhoneを勧める」という、わりと身勝手な一面も見てとれます。おもしろいですね。

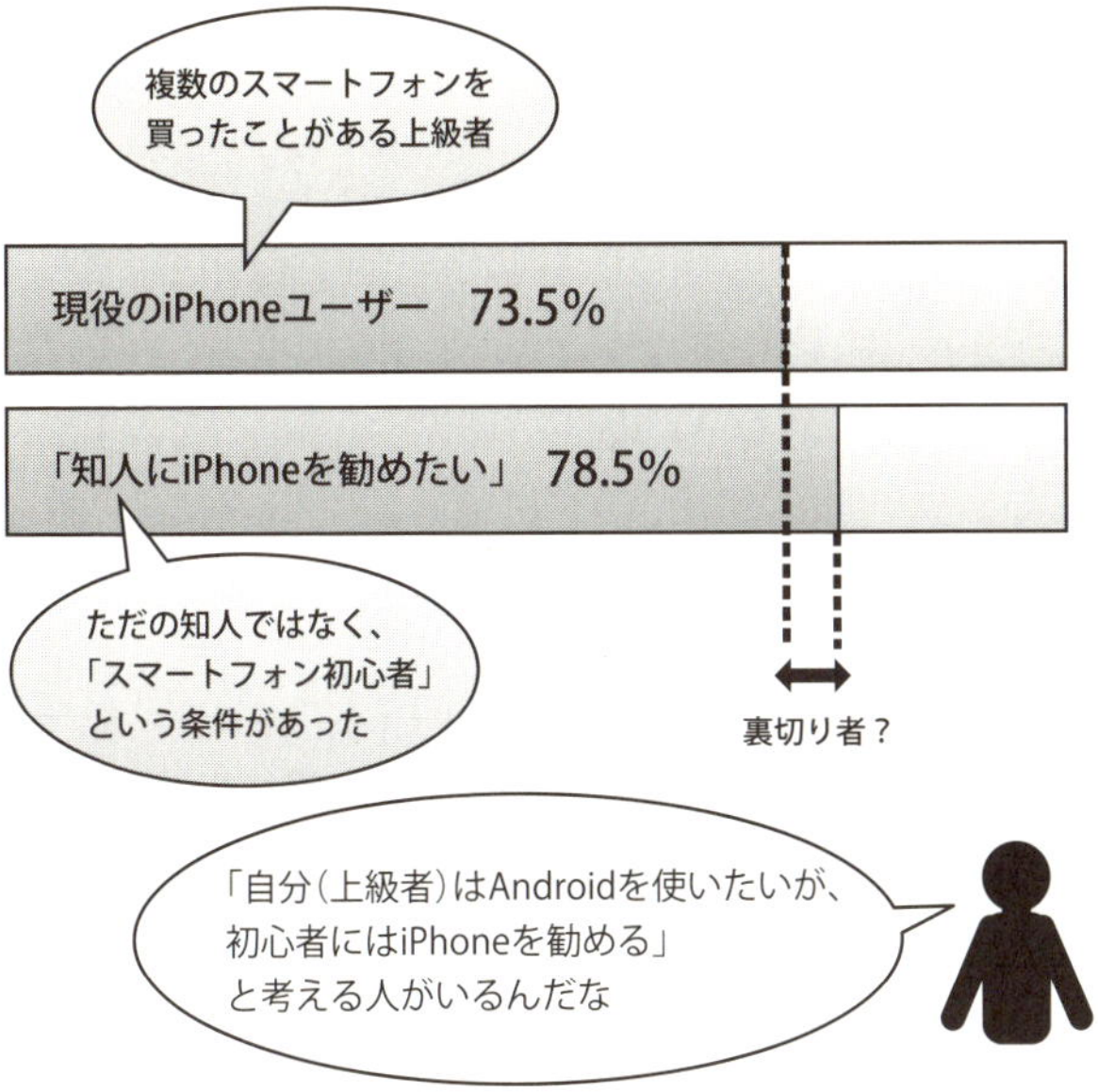
複数のスマートフォンを
買ったことがある上級者
現役のiPhoneユーザー　73.5%
「知人にiPhoneを勧めたい」　78.5%
ただの知人ではなく、
「スマートフォン初心者」
という条件があった
裏切り者？
「自分（上級者）はAndroidを使いたいが、
初心者にはiPhoneを勧める」
と考える人がいるんだな



| iPhone（初心者に勧めたい） | Android（自分で使いたい） |
|---|---|
| 初心者に安心<br>とっつきやすい<br>操作性が良い | 上級者が魅力を感じる<br>高機能<br>高性能 |
| コストパフォーマンスが低い<br>（他人に買わせる想定なら、<br>値段はどうでもいい？） | コストパフォーマンスが高い<br>（自分が買う場合は、値段が重要） |

こういうことか！

**調査結果を詳しく読んで、自分なりの考察をしてみる。**

Part 5 07

## 国語力と注意力、想像力を動員せよ！
# 統計を〝読む〟ときの勘どころ

少し話が長くなりましたが、ここまでは「スマートフォンの実感調査」を例に取り上げ、統計の読み方と考え方のプロセスについて紹介しました。

なお、ここで紹介した考え方はあくまで一例でしかありません。著者の個人的な解釈を示しただけです。必ずしも「このように考えなければならない」というわけではありません。ただし、統計を読む上で大事なポイントがいくつかありますので、そこだけおさえておきましょう。

### ポイント①　それは本当に〝統計〟か？

統計を読む上で、まっさきにやるべきことは、数字の根拠の確認です。「具体的に誰がいつ作った統計なのか」を必ずチェックします。具体的な数字を挙げず、「ほとんど〜である」「8割方〜である」などと表現されているものは、当然ながら〝統計〟とは呼べません。「いかにも統計っぽく見える具体的な数字」が書かれていたとしても、主体の明示されない受け身の文で書かれているものは、信憑性を疑うべきです（例えば、「80％の人が使ったことがあると言われています」など）。

また、「形式上はきちんとした統計」だった

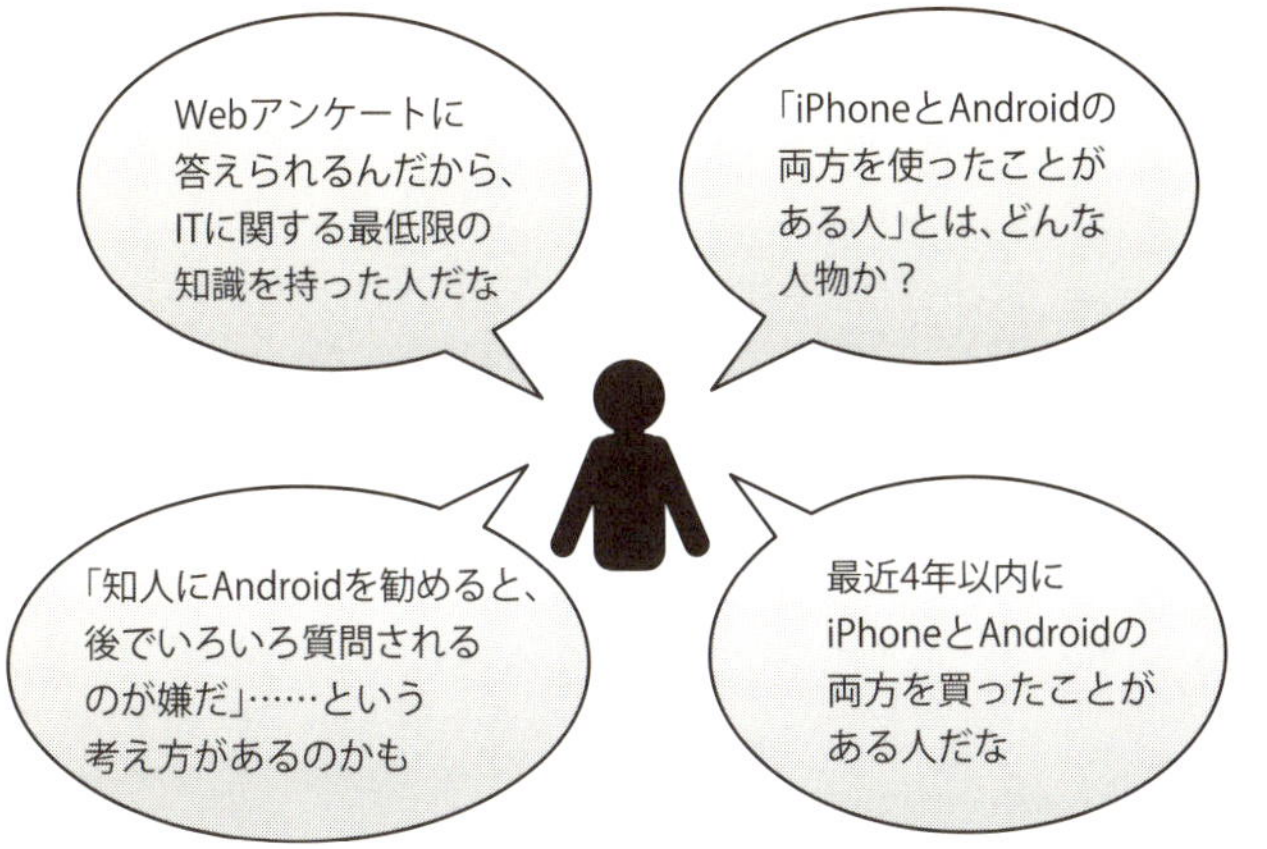
Webアンケートに
答えられるんだから、
ITに関する最低限の
知識を持った人だな
「iPhoneとAndroidの
両方を使ったことが
ある人」とは、どんな
人物か？
「知人にAndroidを勧めると、
後でいろいろ質問される
のが嫌だ」……という
考え方があるのかも
最近4年以内に
iPhoneとAndroidの
両方を買ったことが
ある人だな



## 「本当の母集団」を想像することが重要。

としても、記事の直接的な利害関係者が作成した統計は、少し疑ってかかる必要があります（例えば、広告の中で示される「当社調べ」の統計など）。

### ポイント② 「本当の母集団」を想像する

「スマートフォンの実感調査」の場合、調査対象となった母集団は「iPhone と Android の両方を使ったことのある人」と説明されていました。これを見て、そのまま素直に「iPhone と Android の両方を使ったことのある人にアンケートをとったのか……」と受け取るようでは、統計の真の姿は見えてきません。

　日本で初めて iPhone が発売されたのが２００８年、Android 携帯電話が初めて登場したのが２００９年ということを考えると、「iPhone と Android の両方を使ったことのある人」の実体は、「わずか数年で最新のスマートフォンに買い替えるほど、携帯電話への意識が高い人々の集団」であると想像できます。

しかもこのアンケートは、街頭調査や電話調査ではなく、ウェブサイト（インターネット）を通して行なわれました。したがって、母集団はそれなりに情報技術に詳しい人々であるとも想像できます。

このような〝想像〟は、統計を解釈する上でとても重要です。特に、テレビや雑誌などのメディアで統計が登場するときは、たいてい大雑把なタイトルが付けられているものです。例えば「30代の女性に聞いた○○○ランキング」といった統計を目にしたとき、私たちはつい「日本全体の30代の女性の一般的な意見で作られたランキングだ」と思い込んでしまいます。しかし、これが「テレビ局からすぐ近くの六本木や新橋で行なった街頭調査によって作られたランキング」であったとしたら、「日本全体の30代の女性の一般的な意見」とは似ても似つかない結果になっているでしょう。

**ポイント③　日本語を正確に読み取る**

「スマートフォンの実感調査」の場合、ウェブニュースのタイトルは「iPhoneとAndroidスマートフォンを両方使ったことがある人が他人に勧めるのは？」というものでした。これを読んで、つい「他人に勧められるぐらいだから、〝良い〟製品だ」と考えてしまうかもしれません。このような考えに囚《とら》われてしまうと、統計の結果を見て「世の中の8割の人が（Androidより）iPhoneのほうが〝良い〟と思っているのか…」などと、不正確な解釈をしてしまいます。

実際に一次資料を読んでみると、アンケート

### 統計を正しく読むために必要なもの

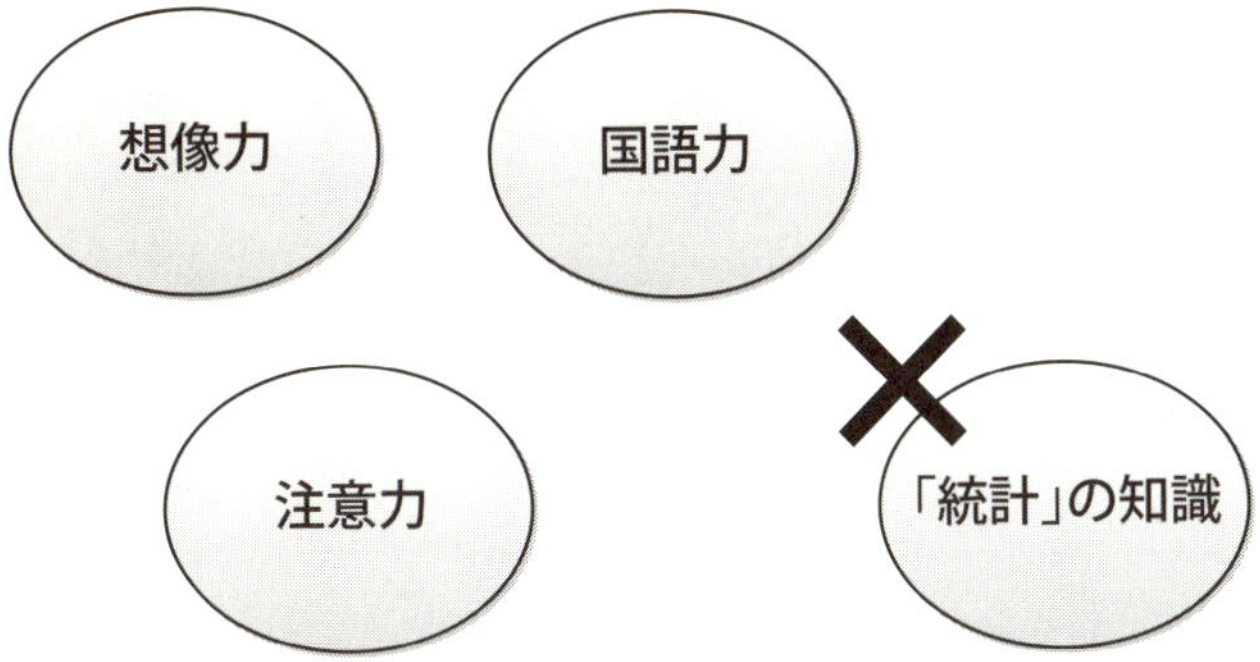




## 統計を正しく読むだけなら、統計の知識は必要ない。

に答えた人の多くが「他人に勧めるスマートフォン」と「自分の使いたいスマートフォン」は別物と考えていることが推定できました。他人に勧められる商品だからといって「絶対的に良い商品」とは限らないのです。

統計を読むときは、タイトルやアンケートの質問などの日本語部分を正確に読み取り、厳密に解釈する必要があります。

――以上、３つのポイントが、統計を読む上で大事な要素となります。これらを日頃から意識するだけで、統計をよりよく活用できるようになり、嘘やまぎらわしい情報に騙されることもなくなるでしょう。

読者の皆さんもすでにお気づきでしょうが、統計を正しく読むだけなら、数学や統計の知識などほとんど必要ありません。むしろ国語力と注意力、そして想像力のほうが重要です。

Part 5 08

## 「隠された目的を持つ統計」に気をつけろ①

# 「何のための統計」かを考える

本章ではこれまで、さまざまな切り口から「統計を見るときの注意点」について紹介してきました。特に前項で紹介した3つのポイントは重要です。基本的には、この3つだけを注意していれば心配ありません……と断言できればいいのですが、世の中はそんなに甘くないようです。

前頁まで、何回かに分ける形で、「スマートフォンの実感調査（アンケート調査）」について検証しましたが、そこで取り上げた統計は、（私たちが日常の中で目にする統計の中では）かなり〝良心的〟な部類に入ります。なぜなら、あの「スマートフォンの実感調査」は、統計の発表そのものが目的になっているからです。

ここで、「統計を作る目的は何か」について、あらためて考えてみましょう。

本書の第4章では、統計の作り方のプロセスを紹介しました。そこでは次のように述べています（☞第4章01参照）。

> （統計を作成するときは）前もって「統計の目的（いったい何のために統計をとるのか）」を明確にしておくことが必要です。

統計を作る人が統計の目的を明確にする必要

**統計を読む上で必要な3つのポイント**

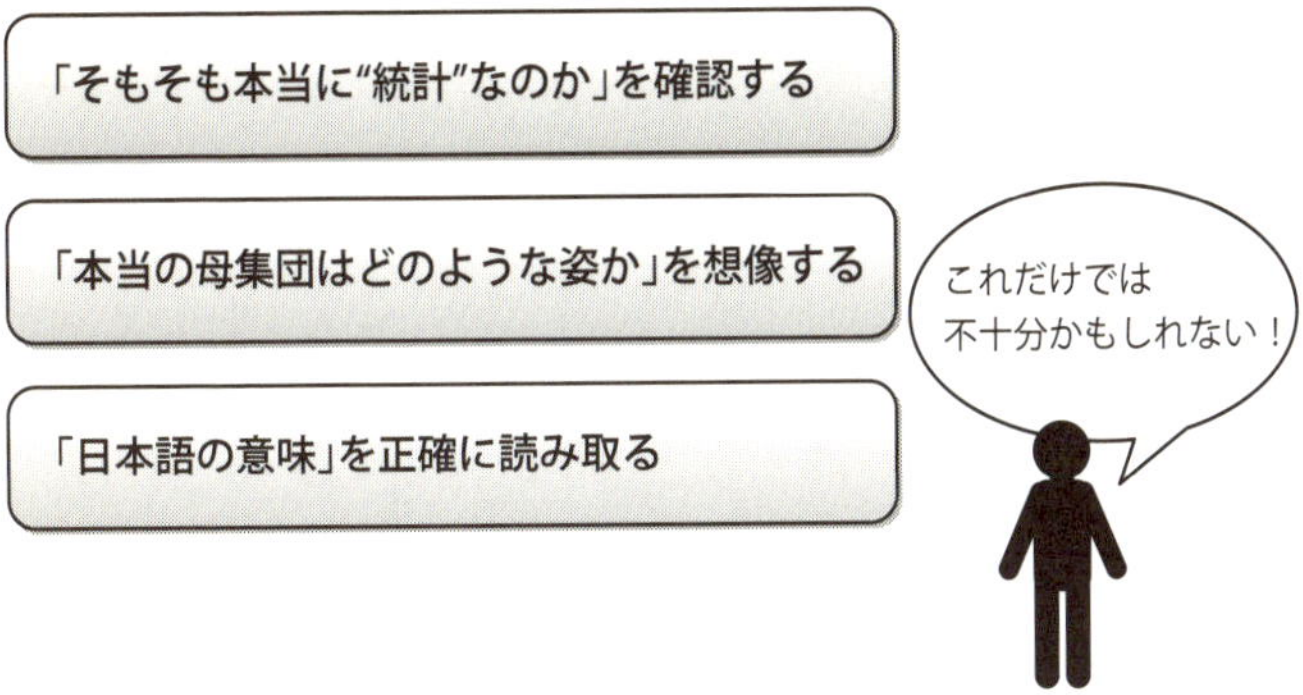
「そもそも本当に“統計”なのか」を確認する
「本当の母集団はどのような姿か」を想像する
「日本語の意味」を正確に読み取る
これだけでは
不十分かもしれない！



## 「ほかの目的のための統計」を見るときは、さらに注意が必要。

がある――ということは、裏を返せば「何かほかの目的があるからこそ、統計を作るハメになった」とも解釈できます。

　したがって、あなたが統計を見る側に回ったときは、**「わざわざ統計を作ってまで成し遂げたい目的とは何だ?」**という疑問を持たなくてはいけません。

　統計の目的は千差万別ですが、私たちが日常生活の中で見かけるレベルの統計（テレビや雑誌、新聞などに登場するもの）であれば、次のようなものが挙げられるでしょう。

①ある現象がいかに一般的かを示すための統計
②ある現象がいかに特殊かを示すための統計
③「ある商品は優れている」という根拠を示すための統計
④事故や公害の責任を追及するための統計

①と②は本質的に同じものです。「数が多い」

または「数が少ない」という事実を、数字によって示します。

情報番組などで街の流行を紹介するケースや、ある商品がよく売れていることを示すケース、あるいは逆に、珍事件や珍プレーがいかにレアかを強調するケースや、優秀な人物がいかに突出しているかを強調するケースで、「数字の根拠を示すための統計」が登場します。

③と④では、単に数の多寡を示すだけでなく、「複数のものを比較する」または「異なる事象の因果関係を示す」といった形で統計が用いられます（ただし、まったく因果関係を示したことになっていないケースも多くあります。☞第5章11参照）。

このように目的がはっきりした統計では、「目的を達成するために都合のよい数字」が意図的に作られている可能性があります。極端な話、「都合のよい結果を見せるために、完全な捏造を堂々と掲載している」というケースも考えられます。さすがに完全な捏造をでっちあげることは少ないでしょう（と信じたいものです）が、「さまざまな統計の中から自分にとって都合のよい数字だけを抜粋して発表した」という例はかなり見受けられます。また、嘘や捏造がまったく含まれていなくても、「数字を見る側が先入観によって誤解してくれるように誘導する」という手口が非常に多く存在します。

## 「統計のための統計」は良心的

前項で紹介した「スマートフォンの実感調査」について、振り返ってみましょう。

「スマートフォンの実感調査」が実施されたのは「Fastask」というウェブサイト（運営はジャストシステム）でした。このサイトは「アンケーあなたが統計を作る側なら…

統計の**目的**を明確にする必要がある。

あなたが統計を見る側なら…

「わざわざ統計を作ってまで成し遂げたい**目的**とは何か」
を想像する必要がある。

## 「相手の意図がどこにあるのか」を常に考えなければならない。



トをとる機能」を企業に提供することでお金を稼ぐビジネスモデルです。

つまり、「スマートフォンの実感調査」は、統計をとる（それによって売上を得る）こと自体が目的でした。「特定の論調に対して説得力を与える」「用意された結論に対して根拠を与える」という目的で作られた統計ではなかったのです。

このような「純粋に統計をとることが目的の統計」は、比較的安心して見ることができます。が、こうした統計はかなりの少数派です。

Fastaskのようなリサーチ専門業者以外では、せいぜい政府・自治体による社会調査しかありません。それ以外のほとんどの統計は、前述の①から④に該当するような、何かしら「別の目的」が存在します。そして、別の目的のために作られた統計は、必ず結論を疑ってかかる必要があります。

Part 5 09

「隠された目的を持つ統計」に気をつけろ②

# 統計知識の隙につけこまれるな

私は、「スマートフォンの実感調査」に関する解説の中で、次のように述べました（☞第5章07参照）。

> 統計を正しく読むだけなら、数学や統計の知識などほとんど必要ありません。むしろ国語力と注意力、そして想像力のほうが重要です。

これは嘘ではありません。数学や統計の知識は本当に必要ないのです。ただし、あくまで「ほとんど必要ない」のであって、「まったく必要ない」わけではありません。やはり最低限の知識は持っておく必要があります。では、どの程度の知識があれば十分なのでしょうか？

結論から言えば、必要な知識は「**平均値**」だけです。「統計」という文字がタイトルに入った書籍（本書も含みます）でしかお目にかからないような専門用語は知らなくてもかまいません。なぜなら、あまり難しい専門用語を持ち出しても、誰もわからないからです。

「他の目的のために作られた統計」というものは、一般の人々に広くアピールするからこそ、意味があります。もし、「標準偏差が……」とか

この商品をご利用
いただいたお客さまは、
なんと！体脂肪率が
平均20％もダウン！
ええーっ！
でも
お高いんでしょう？

## 日常で見かける統計には「平均値」しか登場しない。

「カイ二乗分布が……」などと言ってしまうと、誰も意味を理解できません。すると、「一般の人びとに広くアピールする」という目的が達成されません。よって、そのような難しい専門用語は（日常生活の中で目にするレベルの統計では）絶対に登場しないのです。

### 登場するのは、平均値とグラフだけ！

世の中に広くアピールしたい意見があるとします。でも、その結論を繰り返し叫ぶだけでは、説得力がありません。だから「その意見に説得力を与える」という目的のために、統計を利用します。統計を使ってアピールする以上、その統計は誰にでもわかりやすいものでなければいけません。ということは、「誰でも必ず知っている統計用語」以外は使えません。したがって、日常生活の中で見かけるような統計には、「平均値」以外は絶対に登場しません。あとは、一目でわかりやすいという意味でヒストグラムなども登場しますが、あくまで視覚的なグラフが表示されるだけであって、「ヒストグラム」という言葉は絶対に登場しません。

つまり、統計を見る側の心構えとしては、平均値の意味をしっかり理解し、グラフをきちんと読むことさえできれば、それで十分なのです。

平均値については、本書の第3章で詳しく解説しました（☞第3章05参照）が、ここでもう一度確認しておきましょう。

「平均値」と聞くと、多くの人は次のようにイメージします。

「全体のちょうど真ん中の順位の人が平均値になる」「平均値に近い値に位置する人が多い」

「統計を作る側」としては、「統計を見る側」がこうしたイメージを抱いてくれることを期待しています。「この商品をご利用いただいたお客さまは、なんと体脂肪率が平均20％もダウンしました！」と言えば、それを見た人は「この商品を使えば、ほとんどの人は体脂肪率が20％ダウンするんだ」と考えてくれる……ことを期待しているのです。

でも、この本を読んだ人なら、「全体のちょうど真ん中の順位（中央値）が平均値に一致するとは限らない」「平均値に近い値に位置する人が多くなる（最頻値と一致する）とは限らない」という事実を知っています。

ですから、「体脂肪率が平均20％もダウンしました！」という話を聞いたときに、「体脂肪率が実際に20％ダウンした例が多いとは、必ずしも言えない」と冷静に解釈できるはずです。

そして次に、「その統計の元となるデータはどうやって集めたのか」「その統計の母集団はど

この商品をご利用
いただいたお客さまは、
なんと！体脂肪率が
平均20%もダウン！
平均値と中央値と最頻値が
一致するとは限らないぞ
そもそも本当に"統計"なの？
「買ったけど使っていない人」は
母集団に含まれる？
どうやってデータを集めたの？



## 最低限の知識だけで「統計を作る側」に対抗できる。

ういうものか」といったことを、あれこれ検討します（☞第5章07参照）。「統計を作る側」の主張をよく聞いてみると「この商品をご利用いただいたお客さまは……」と表現しています。

ひょっとしたら、「商品を買った人」と「商品を使った人」が一致しないかもしれません。この統計はアンケート調査で作られたと考えられますが、そもそもアンケートには全員が回答したのでしょうか？　商品に不満を持った人もアンケートに答えてくれたのでしょうか？

それ以前の問題として、調査方法や調査時期の情報は明示されていますか？　それは本当に統計ですか？

――最低限の統計の知識さえきちんとおさえていれば、「統計を作る側」による嘘はすぐに見抜けるのです。

Part 5
10

# 「隠された目的を持つ統計」に気をつけろ③
# グラフに騙されるな

「他人に見せるための統計」を作るときは、できるだけわかりやすく表現しなければいけません。一般の人々に広くアピールできなければ、意味がないからです。そこで、統計の表現には、グラフが好んで使われます。

グラフを使うと、さまざまな情報を視覚的に表現できます。グラフをうまく使えば、日本語が通じない外国人に情報を伝えることも可能でしょう。統計のような数値情報をできるだけ多くの人にアピールするには、グラフこそが最適な表現方法と言えます。

ただ、グラフはあまりにもわかりやすいことが、逆に欠点となることもあります。「統計を見る側」が、グラフを一瞥しただけですべての情報を把握した気分になってしまい、細かい情報をきちんと見てもらえない危険性があるのです。

さて、「グラフでわかりやすく表現したがゆえに誤解を招く」という事態は、普通なら歓迎すべきことではありません。しかし裏を返せば、「(グラフを使うことで)**相手が勝手に誤解するように誘導できる**」ということになります。

したがって、「統計を見る側」の心構えとしては、いかにもわかりやすいグラフが出てきたときこそ、隅々まで注意深く観察する態度が重要

## (1)円グラフ

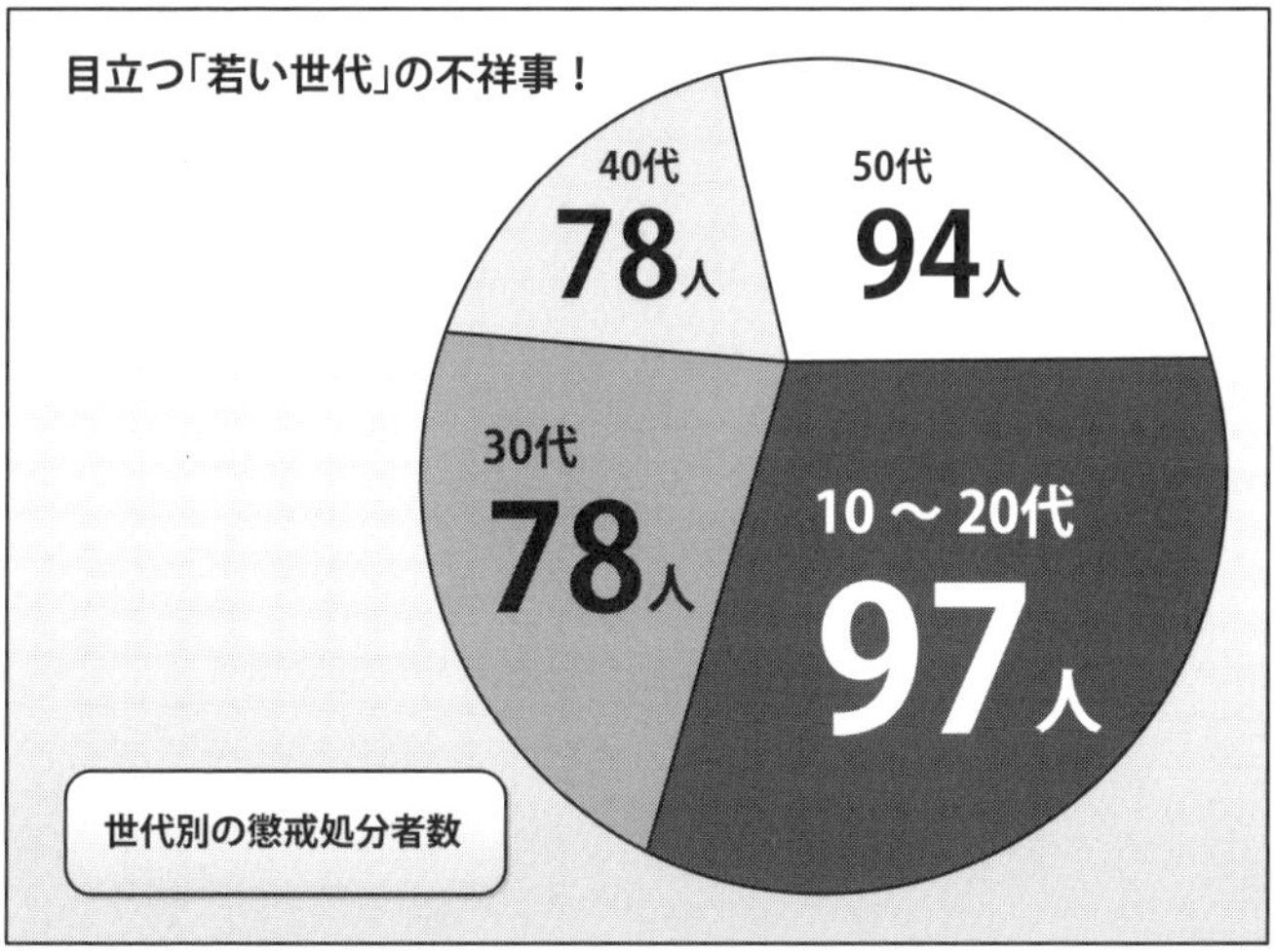
目立つ「若い世代」の不祥事！
40代
78人
50代
94人
30代
78人
10～20代
97人
世代別の懲戒処分者数

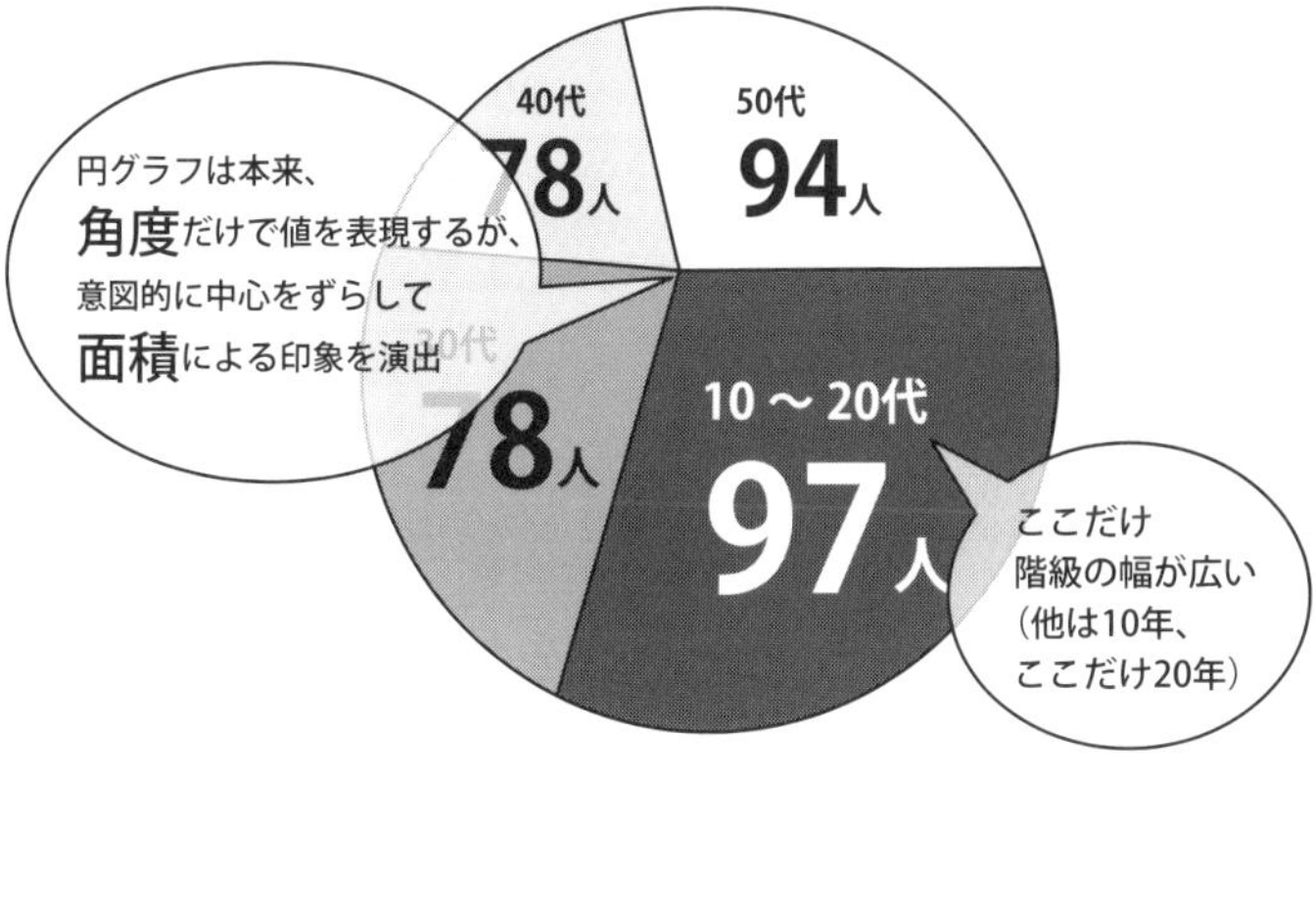
40代
78人
50代
94人
円グラフは本来、
角度だけで値を表現するが、
意図的に中心をずらして
面積による印象を演出
30代
78人
10～20代
97人
ここだけ
階級の幅が広い
(他は10年、
ここだけ20年)

### 「どうせ数字は誰も見ない」と（グラフを作る側は）思っている。

になります。

ここで、グラフを利用した「誤解への誘導」のテクニックをいくつか紹介しましょう。

**①「正しくないグラフ」を描く**

さきほど述べたとおり、多くの人はグラフを一瞥しただけで（内容を吟味せずに）判断してしまいます。ですから、ものすごく大げさに誇張したグラフを掲載して、「ぱっと見のイメージ」だけを相手に植え付けることができれば、（統計を見せる側としては）大成功です。そのために、統計の数値とはまったく異なる大嘘グラフを掲載します。

**②1次元の数値を2次元のイラストに置換する**

絵グラフでよく使われる手口です。「数値上は2倍の差」を表わすときに「縦横2倍のイラスト」で表現します。そうすれば、ぱっと見で、面積比4倍の大差があるかのような印象を与えることができます。

**③関係あるようで関係のないグラフを描く**

「会社の業績としては利益が重要なはずなのに、売上のグラフだけを強調する」といったやり方です。「商品の普及率をアピールするために、過去の販売数の累積をすべて積み上げたグラフを見せる」という例もありました。

**④基準の異なるグラフを混ぜる**

市場占有率（シェア）を表わすときに、売上高ベースのグラフと販売数ベースのグラフを、（自分にとって都合がいいように）ごちゃ混ぜに掲載するケースがありました。

――ここに挙げたもの以外にも「誤解への誘導」の手口はたくさんあります。しかし、統計を見る側が「グラフ上の文字（数値）をちゃんと読む」という一点を実践するだけで、あらゆる誤解を回避できます。

### (2)ヒストグラム

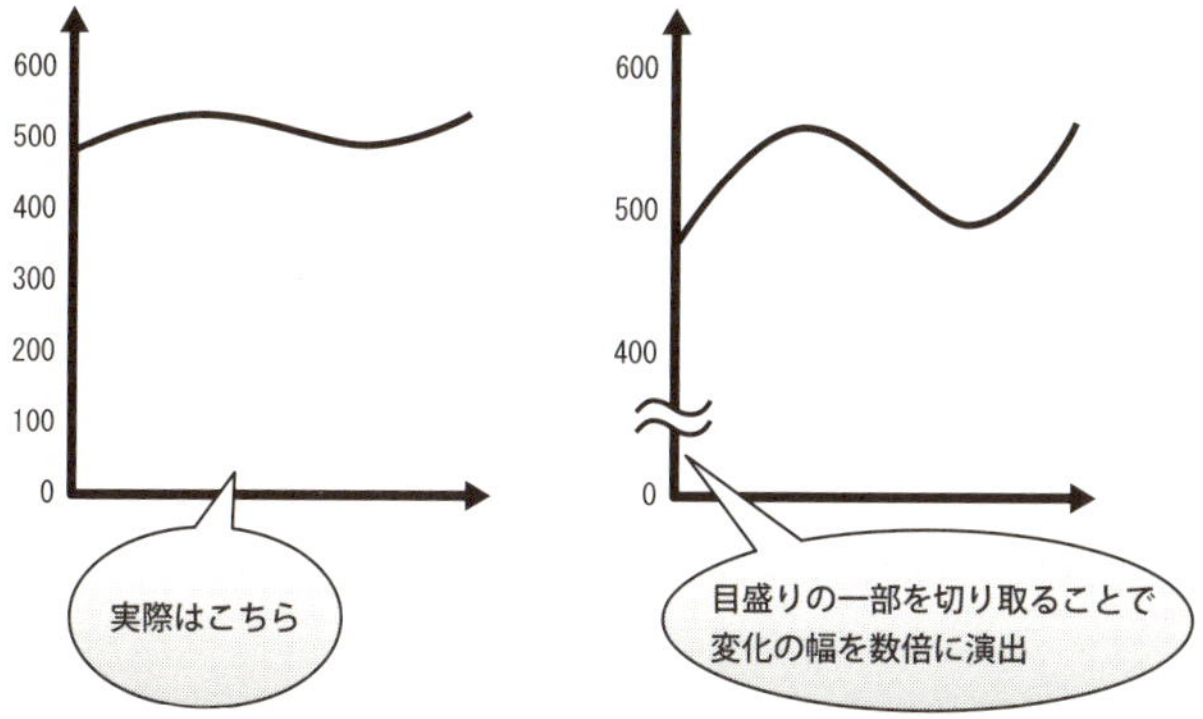
600
500
400
300
200
100
0
実際はこちら
600
500
400
0
目盛りの一部を切り取ることで
変化の幅を数倍に演出



### (3)推移グラフ

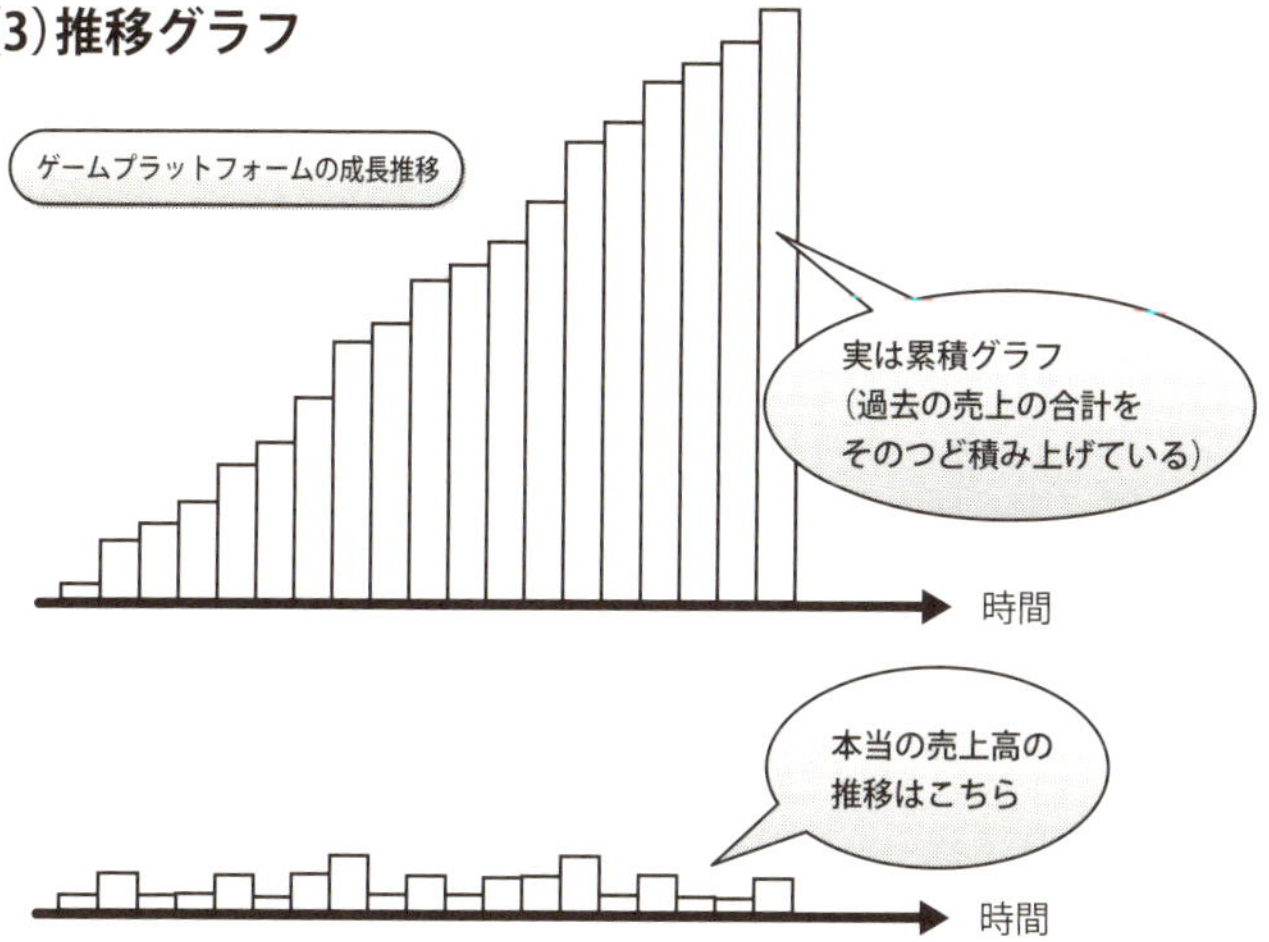
ゲームプラットフォームの成長推移
実は累積グラフ
（過去の売上の合計を
そのつど積み上げている）
時間
本当の売上高の
推移はこちら
時間

## 誘導されやすいグラフのいろいろ。

Part 5 11

# 「隠された目的を持つ統計」に気をつけろ④ 因果関係と相関関係の違い

最後に紹介するのは、「言葉の論理」の話になります。皆さん、第4章で宿題が出ていたことを覚えているでしょうか？（☞第4章06参照）

ある県で、中学2年生の学力テストを行なったところ、「朝食を毎日食べる子」の平均点は65点、「朝食を食べることが多い子」の平均点は55点、「朝食をまったく食べない子」の平均点は47点だった。

3つのグループの平均点を比較すると、「朝食を食べる子のほうが成績が良い」ということが読み取れます。ここから「朝食を食べれば成績が良くなる」と言えるでしょうか？

結論から言うと、「『朝食を食べれば成績が良くなる』とは必ずしも言えない」が正解となります。なお「朝食を食べても成績は良くならない」と全否定しているわけではありません（『必ずしもAとは限らない』と『Aではない』は、論理的に別物なので注意してください）。

一般に「Aが大きければ大きいほどBも大きい」といった関係があれば、『AとBには**相関関係**がある』といいます。前述の例に適用すると、「朝食のとり方と学校の成績には、相関関係が

【統計で示された事実】
「朝食を毎日食べるグループ」のほうが
「朝食を食べないグループ」よりも成績が良い

✕ 朝食を食べれば成績が良くなる。

○『朝食を食べれば成績が良くなる』とは必ずしも言えない。

✕ 朝食を食べても成績は良くならない。



## 相関関係があっても因果関係があるとは限らない。

ある」ということになります。

一方、「AならばBになる（Bの原因はAにある）」といった関係があれば、『AとBには**因果関係**がある』と表現します。もし、朝食と成績の間に因果関係が存在するならば、「朝食をとれば成績が良くなる（または逆に朝食をとれば成績が悪くなる）」と断言できることになります。

ひょっとすると、今後の研究によっては「朝食をとれば成績が良くなる（因果関係がある）」という事実が本当に証明される可能性がないわけではありません。しかし少なくとも現時点では、「朝食と成績の間に因果関係がある」と断言できるほどの根拠は存在しないようです。

もしも朝食と成績の間に因果関係があるとすれば、「朝食の中に成績向上の原因が含まれているはず」ということを意味します。しかし、よほど強い根拠がなければ断言はできません。

私が子供の頃は、学校の先生が「朝食をきちんと食べなければ、一日の活動に必要なエネルギーが得られない。すると頭にも栄養が回らなくなって、成績も上がらない」といった話をよくしていたものです。当時は「朝食と成績の間に、一定の因果関係がある」という論調が多かったような気がします。

しかし現在では「朝食と成績の間に相関関係はあっても、因果関係があるとまでは言えない」という考え方が主流のようです。「朝食を毎日食べる」と「成績が良い」というふたつの結果に結びつく〝他の原因〟が存在する（例えば家庭環境など）——という話であれば、大いにありうるでしょう（ただしこれも断言はできません）。統計を駆使すれば「ふたつの事象の間に一定の相関関係がある」という事実を簡単に示すことができます。でも、単なる観察結果をまとめた統計だけで因果関係を証明するのは難しいのです。

少しわかりにくかったかもしれませんが、極端な例を考えれば納得していただけるでしょう。

**【例】** コーヒーを飲んだ人は、全員200年以内に死ぬ。したがって、コーヒーには人を死に至らしめる有害物質が含まれていることがわかった。

まじめに反論するのであれば「コーヒーを飲まない人の中で200年以上も生きた例があるんですか？」と問い返せばよいでしょう。

**【例】** 桜の花が咲くと、そこから2か月以内に必ず蚊が発生する。したがって、桜の花に、蚊の成長を促す成分が含まれていることがわかった。

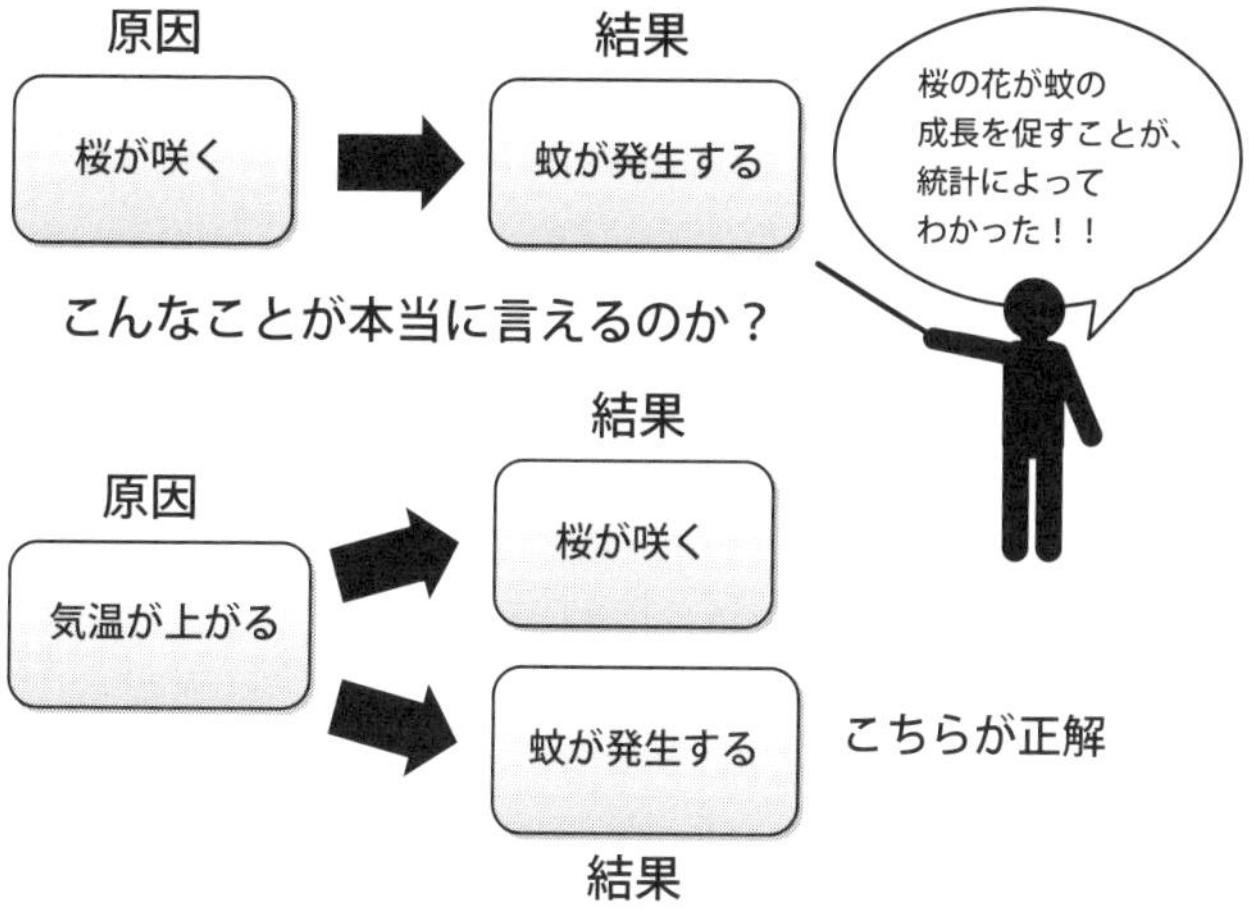
原因
桜が咲く
結果
蚊が発生する
桜の花が蚊の
成長を促すことが、
統計によって
わかった！！
こんなことが本当に言えるのか？
原因
気温が上がる
結果
桜が咲く
蚊が発生する
結果
こちらが正解



## 本当は因果関係がないのに、無茶を言っているケースがある。

桜や蚊などの生物の活動は、いずれも気温（積算温度）によって左右されます。「桜の花に蚊の成長の原因がある」ということではなく、「桜も蚊も、温度という共通の原因によって活動が左右される」ということになります。

――ここでは、話をわかりやすくするために、あえてバカバカしい例を挙げました。

しかし現実として、これらとあまり変わらないレベルのバカバカしい『説』が、世の中にはたくさん存在します。そのような説の根拠を補強するために（本当は補強になっていないのですが）無意味な「統計」が作られているのが現状です。

「**統計によって相関関係が示されたとしても、そこに因果関係があるとは限らない**」ということを理解していれば、無意味な統計の屁理屈に騙されることはありません。

# Part 6

# ビジネスに生かす統計

Part 6
01

高い費用に見合う成果を得られるか?

# 統計のコストパフォーマンス

前章までは「統計の作り方」や「統計の読み方」について解説しました。その中では「統計」に特化した話題を中心に取り上げたことになります。本章では、主にビジネスの現場を想定して、広い意味での〝数字〟の活用方法を紹介します。

統計は、さまざまな場面で役に立つ優れた道具ですが、「**使いこなすためにはコストがかかる**」という現実を無視するわけにはいきません。

統計の目的は、集団の傾向・性質を明らかにすることですが、そのためにはどうしても、大量のデータをひとつひとつ調べることが必要です。

平均値ひとつを求めるにしても、データの数だけ足し算を繰り返す必要があります。もっとも、そのような計算に関しては、計算機(コンピュータ)の登場によって、ずいぶんコストが下がりました。とはいえ、「データをとる」という段階については、どんなに技術が進歩しても、必ず一定の手間がかかるのが現実です。

統計を運用する際には、コストの問題を避けて通れません。だからこそ、統計学者たちは「少しでも安いコストで統計を利用したい」という要望に応えようと頑張ってきました。はるか昔の〝統計〟は全数調査が前提だったところ、後になって標本調査の考え方が登場したのは、「統

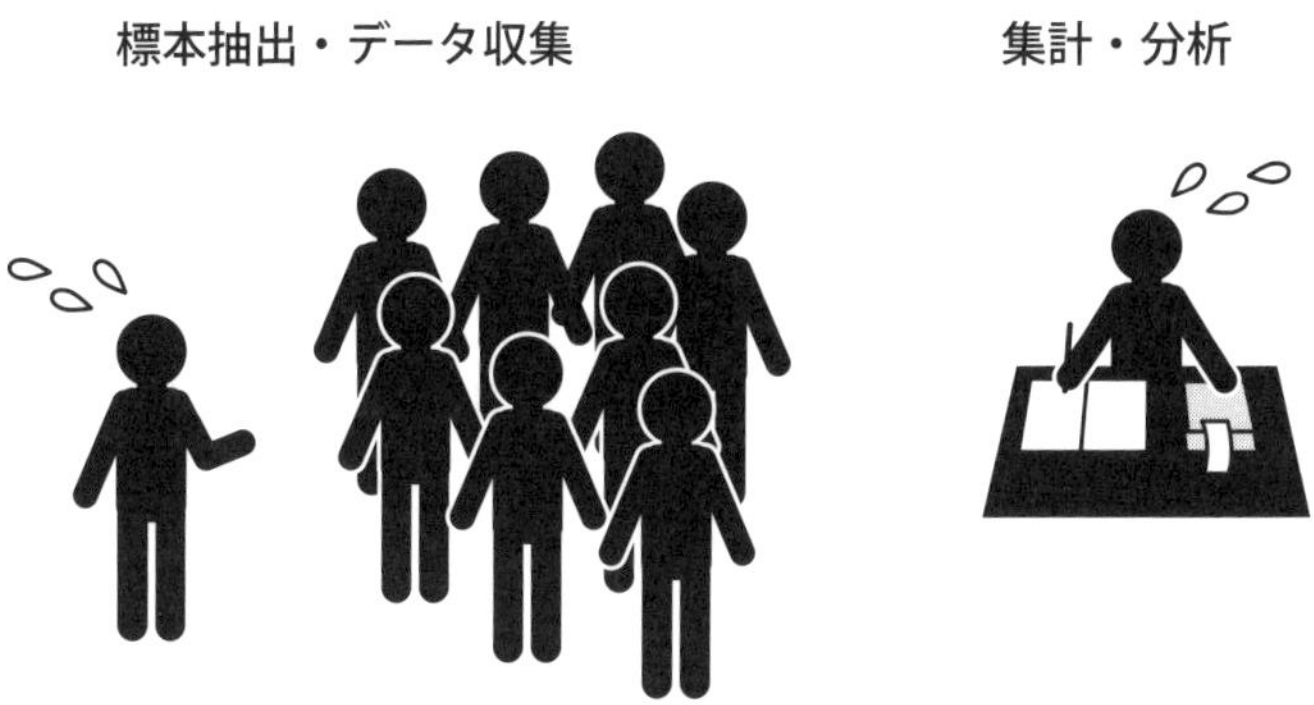


## 「統計」はコストが高い道具である。

計の低コスト化」の努力が実を結んだ一例です。

一方、資本主義社会では、会社の目的は利潤（利益）の追求にあります。当然、ビジネスの現場ではコストや収益性が問題になってきます。そうなると、「〝統計〟のようなコストの高い道具を本当に使うべきか」をあらためて検討する必要が出てきます。

統計はさまざまな場面で役に立つ優れた道具ですが、単に「優れた道具」というだけでは使い物になりません。高いコストをかければ優れた道具が手に入るのは当たり前です。「コストに見合ったパフォーマンスを発揮できるかどうか」という論点が重要になります。

統計を活用するためには、「統計という高コストな道具を本当に使うべきかどうか」「統計を使うとしたら、どんな目的で使うべきか」を、そのつど適切に判断しなければなりません。

Part 6 02

## マーケティングで本領発揮！
# 企画会議で活用しよう！

ビジネスで統計を使う目的はさまざまですが、まずは「統計そのものを見せることで、説得力の根拠として使う」というケースについて考えてみましょう。早い話が「統計を他人に直接アピールする」という使い方です。

そのような直接アピールの代表的な場面として、「企画の提案」が考えられます。

社内で何か新しい企画を提案する機会は、業種・業界を問わずよくあることでしょう。企画をアピールする場において、統計は最も有効な武器となります。ところが、企画における統計の重要性を理解していない人が意外と多いようです。

私は以前、ある出版社に勤めていました。出版社には、毎日のように新しい書籍の企画が持ち込まれます。

そのような企画書の9割以上は（この「9割以上」は体感的な数字であって、統計ではありません）、「この書籍はすばらしい！　ぜひ出版してほしい！」という情報と「著者はこんなにすごい実績がある！」というプロフィールしか書かれていません。

企画書にはもちろん、「この書籍は、どこがどのようにすばらしいのか」という根拠が詳しく

この製品は
高性能！ 高機能！
このコンテンツは
おもしろい！
この企画は
すばらしい！

➡この手のアピールだけでは、
なかなかプレゼンは成功しない。

## ビジネスの現場に求められる「企画」とは？

書かれているのですが……それだけではまず、書籍の出版に漕《こ》ぎつけることはできません。著者のプロフィールとして、武勇伝じみた実績をいくら詳しく書いても、やはり出版にたどり着くのは難しいのです。

なぜ、「内容のすばらしさ」と「著者の実績」をアピールするだけでは、いけないのでしょうか？

その大きな理由は、「出版社内にいる編集者が、必ずしも企画の内容に興味があるとは限らない」からです。

一般的に編集者は、〝売れる本〟を作るために働いているので、「個人的に興味ないジャンルだから」といった短絡的な理由だけで企画をボツにすることはありませんが、編集者がまったく知らないジャンルの企画は、「本当に売れそうか？」という判断自体ができません。

ここで「企画を持ち込む側」と「企画を持ち込まれる側」の意識に食い違いがあることがわかります。つまり、「企画を持ち込む側」のほとんどが、「いかにすばらしい本か」をアピールしているのに対し、「企画を持ち込まれる側」が求めているのは「いかに売れる本か」を判断する材料なのです。

したがって、企画を持ち込む際には、こうした「企画を持ち込まれる側のニーズ」を上手にくみ取ったアピールを行なうことで、うまく出版に漕ぎつけられる（かもしれない）のです。「この本は売れる！　つまり、この本を投入すべき市場には、たくさんの消費者（顧客）が存在する！　ほら、このとおり！」

――これが、企画書の中で本当に主張すべきことです。このような主張に対する裏付けを与えるのが、ズバリ「**マーケティング**」です。そしてマーケティング調査は、本質的に統計を使って行なわれているのです。

ひとくちに「マーケティング調査」といっても、さまざまな手法があります。

あまりコストがかけられないときは（書籍を出版する場合は、このケースが多いのですが）、「競合商品の動向を見ることで市場を推定する」という方法があります。取次や書店での売れ行きを見て、「関西圏の都市部に訴求力がある（地域特性）」「結婚している30代の女性に人気がある（年齢特性）」などといったポイントが浮かび上がり、本の装丁や部数のみならず、売れていく姿が、より鮮明にイメージされることになるわけです。

また、ある特定のジャンルで、似たような商品が他社からたくさん出ていれば、「そのジャンルには一定の需要がある」と判断できます。た

企画のアピールに必要な論理

この新企画には
消費者のニーズがある！
市場が存在する！

## 市場の存在を示すために「統計」を利用する。



だ、競合がひしめきあっている市場は、それだけ競争が厳しいとも言えますから、その場合は「どうやって他社の商品と差別化するのか」というポイントも合わせてアピールする必要があるでしょう。

こうして見ると、新商品がなかなか生まれにくい構造もわかりますね。このように市場が見えづらい場合は、調査にコストをかけられるのであれば、潜在顧客に対する直接的なアンケート調査や、モニター調査を行なうのもよいでしょう。

ここまでは私の過去の経験にもとづいて、「書籍の出版」を例に説明しましたが、おそらくこれは出版業界に限った話ではなく、他の業種・業界でも事情は同じだと思います。

ただし、統計を持ち込んではいけない場合もありますので、その例は後述します。

Part 6 03

# 統計で将来性をアピールできる？
# 資金調達と事業計画書

前項では、「商品の企画をアピールする際に統計（マーケティング調査）を利用する」といった話を紹介しました。次は、もう少し大きな話をします。今度は単なる商品の企画ではなく、会社全体（事業全体）をアピールする状況を考えましょう。

若いビジネスマンや学生の方はあまりピンとこないかもしれませんが、企業の経営者の多くは、資金調達のために事業計画書という書類を作ります。

「**資金調達**」とは、広い意味で「外からお金を引っ張ってくること」を指します。資金調達の実態は、ほとんどが銀行融資（借金）ですが、場合によっては投資家（株主）からの投資もありえます。

このとき、経営者が資金調達を目的として、銀行や投資家に見せる書類が「**事業計画書**」です。事業計画書の本質は、企画書と同じです。

企画書は、相手に「カネをかけて企画を実行に移す価値がある」と思わせることが目的でした。一方、事業計画書は、相手に「カネを出しても、あとで（それ以上の金額になって）返ってくる」と思わせることが目的です。

企画書も事業計画書も、「私が考えたビジネス

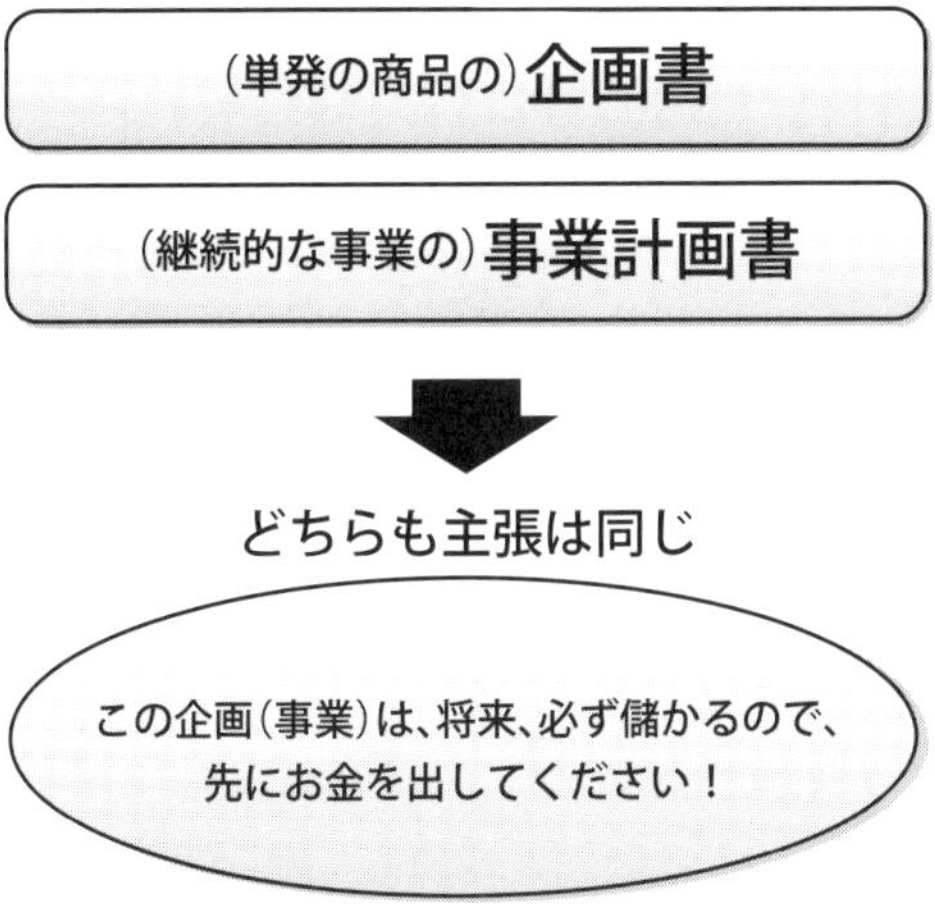
（単発の商品の）企画書
（継続的な事業の）事業計画書
どちらも主張は同じ
この企画（事業）は、将来、必ず儲かるので、
先にお金を出してください！

## 企画書と事業計画書の共通点は？

のために、あなたがリスクを負って（カネを出して）ください」とお願いするための書類なのです。

　したがって、事業計画書の場合も（企画書と同じように）統計を盛り込めば、銀行や投資家への良いアピールになりそうです。

……しかし、これがそう単純な話でもありません。

　事業計画書の場合も、「長い目で見て、事業がうまくいくはず」という根拠を〝数字〟で示したほうが説得力が出ます。しかし、そこで登場する〝数字〟の主役は統計ではなく、「**財務諸表**」なのです。

　財務諸表は、企業（または事業）の成績表とも言うべき書類です。それを見れば、会社全体の資産や、いま抱えている負債の金額、事業の収益性などが一目でわかります。もちろん、会社の収益性は「その会社が勝負している土俵（市場）が有望かどうか」に左右されますから、銀行や投資家が統計（マーケティング調査）を無視するわけではありません。

しかし、彼らが重視するのは、あくまで「個体としての会社の実績」なのです。「同じ市場で戦う競合他社がみんな有望だから、あなたの会社も有望だろう」とは、なかなか考えてくれないのです。そこで、会社の実績という〝数字〟が、彼らの判断材料になるのです。

本来、事業計画書はその名のとおり、将来の事業計画をアピールするための書類です。したがって、「将来こんなに儲かる予定です」という計画を示すことに意義があるはずですが、やはりお金を出す立場としては、将来の夢より過去の実績（財務諸表）のほうが重視されるようです。

## ❖新しく起業するときは？

では、過去の実績がまったくない場合、どうやって資金調達をするのでしょうか？

起業して新しい会社を作った直後は、当然ながら会社の実績はゼロです。したがって、財務諸表は存在しません。

起業直後の会社の場合、「社長個人が銀行から借金する」という形になることが多いでしょう。また、銀行に形だけ事業計画書を出したとしても、担保や連帯保証人がなければ、お金を出してくれないケースがほとんどです。

ならば投資家はどうでしょうか？

現在の日本では、起業直後のタイミングでいきなりお金を出してくれる投資家はめったにいません。

が、もしもそんな投資家がいた場合は、「統計

「統計」が説得力につながらないケース

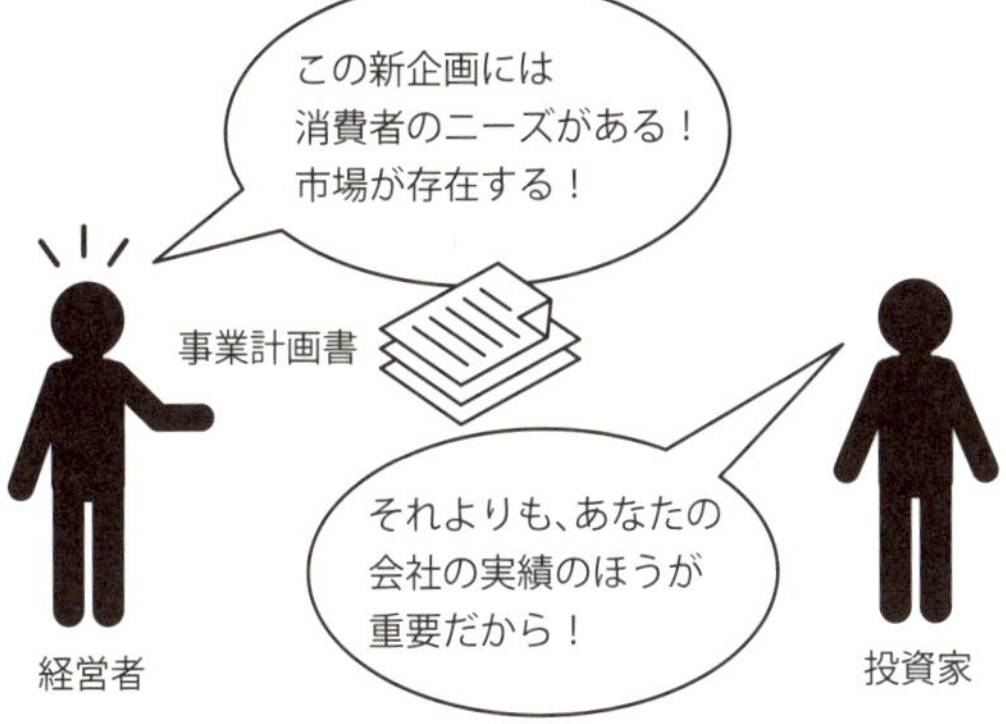
この新企画には
消費者のニーズがある！
市場が存在する！
事業計画書
それよりも、あなたの
会社の実績のほうが
重要だから！
経営者
投資家

## 事業計画書に統計を盛り込んでも、なかなかうまくいかない。

による裏付けをもとに、これから参入する**市場の将来性**をアピールする」という方法も、一定の説得力を発揮します。

市場が本当に有望であることが具体的な数字で示されれば、投資家は興味を持って、あなたの話を聞いてくれるでしょう。そして、その投資家はあなたの会社ではなく、あなたのライバル会社の株を買うのです。

ある市場が有望であることが統計によって示されたのであれば、そこでビジネスを行なっている競合の中から、最も優秀な会社に投資する――それが「投資家」の考え方です。

継続的に活動する事業への資金調達を望むとき、銀行や投資家に対して、統計を使ったプレゼンテーション（市場や業界全体の将来性のアピール）を行なうのは無駄ではありませんが、それだけではなかなか難しいのが現実です。

Part 6
04

## 統計が説得力をなくすとき
# 「統計」と「実績」の使い分け

新商品の企画を提案するときは、マーケティング調査（統計）を盛り込むことで、より説得力が上がります。一方、資金調達のために事業計画を提示するときは、マーケットの数字を主張しても無駄……とまでは言いませんが、そこまで効果的ではありません。むしろ自分たちの実績をきちんと主張することが、はるかに重要です。

「統計が説得力につながるケース」と「統計が説得力につながらないケース」――いったい、この差はどこから生まれるのでしょうか？

本当は、「新商品の企画の提案」といったケースでも、統計に頼らないですむなら、それに越したことはありません。何か別の形で具体的な実績を提示できるなら、そのほうが優れています。

「企画会議で活用しよう！（☞第6章02参照）」では、書籍の出版企画を例に取り上げました。そこで私は、「統計によって市場の存在を示すことが重要」だと述べました。しかし、出版社に企画を持ち込んだ人物が、過去にミリオンセラーを何度も出したことのある有名作家であれば、（統計などのデータを示さなくても）企画があっさり採用されるでしょう。

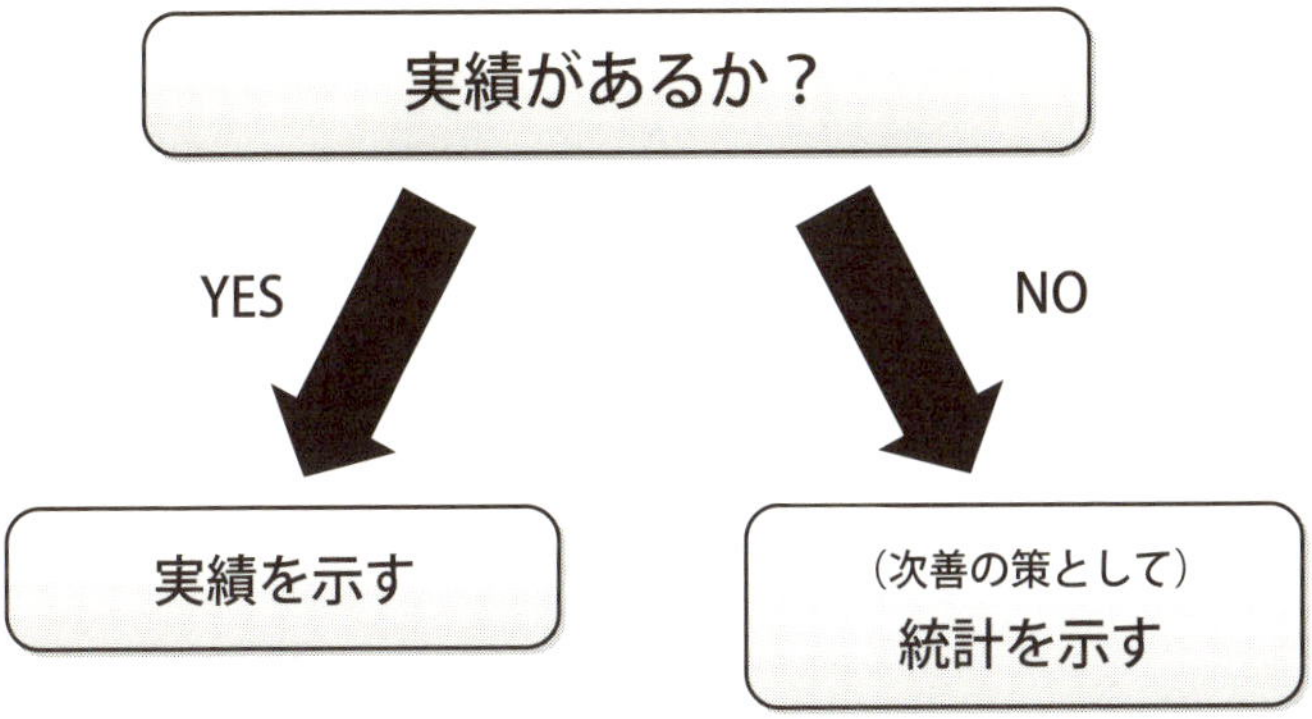
実績があるか？
YES
NO
実績を示す
（次善の策として）
統計を示す

## ビジネスの世界では、実績が統計にまさる。



結局、ビジネスの世界で誰かに何らかの提案を持ちかけようと思ったら、「自分の実績」をアピールするのが一番なのです。マーケティング調査（統計）によって、仮に「この分野にはこんなに多くのニーズがある」という事実がわかったとしても、それは「競合他社の実績」であって、「あなたの実績」ではありません。

自分に十分な実績がないときは、客観的な根拠を見せるのが難しい。だから、つい「商品の性能」とか「内容のすばらしさ」といったポイントをアピールしたくなってしまう。でも、それではなかなか説得力が出ない。だから、せめて統計を使って「市場のニーズ」や「事業の収益性」を提示すれば説得力が上がりますよ――私が言いたいのは、こういうことです。

つまり、**「実績だけで勝負すべき場」には、決して統計を持ち込んではならない**――と言うこともできます。例えば、就職活動の自己アピールでは、統計の出番などほぼありません。就職では、自分の実績だけが物を言います。

実際のところ、人事担当者は統計的な考え方で採用を決めている面もあります。多くの大企業の新卒採用で、学歴が重視されるのがその証拠です。学歴重視の採用は、結局「この学校の卒業生は優秀な人が多かった。よって、目の前のこの学生も優秀だろう」という発想によるものです。

だからといって、学生の側から「自分の学校の卒業生の就職実績統計」を持ち出して、出身校のすごさをアピールするのは大間違いです。「他人の実績を自慢しなければならないほど、自分の売りがないのか」と思われるだけです。

それとは逆に、「実績を示しようがない場面」では、積極的に統計を取り入れ、具体的な数字を提示すべきです。例えば「画期的な発明によって生み出された、誰も見たことがない革新的な新商品の提案」といった場面では、具体的な統計を用いてニーズ（市場）の存在をアピールすれば、絶大な効果を発揮します。

本当に革新的な商品であれば、競合商品は存在しないはずなので、通常のマーケティング調査で数字を作るのは難しいかもしれません。でも、そのような場面でこそ、苦労して統計を作る価値があります。提案を受ける側としては、あまりに画期的すぎるアイデアは判断に困ってしまうものです。だからこそ、具体的な数字の提示が物を言うのです（このとき、一番やってはいけないことは「発明の技術力」や「商品の性能」のアピールに終始してしまうことです）。

## ❖ 古い統計なら見せないほうがまし

×
データが多いほうが
説得力が出るだろう！
○
最新の実績を
示そう！

## 古い統計データを持ち出すと、かえって逆効果になることがある。

ここでは「統計より実績のほうが大事」とお話ししましたが、本来であれば「統計」と「実績」は相反する言葉ではありません。ですから、「自分の実績を示すための統計」というものがもし存在するなら、積極的に利用してよいでしょう。

ただし、条件があります。実績をアピールするつもりで、あまりに古いデータを持ち出してしまうと、アピールどころか逆効果になってしまうからです。何らかの自己アピールやプレゼンテーションに統計を持ち出すときは、常に最新の数字を示すことが原則です。古い数字しか示せないようであれば、最初から何も見せないほうがましです。

数字を使って過去の実績を表現したいときは、多くの場合、統計より優れた方法があります。次項では、そのあたり（数字を使って実績を提示するケース）について、説明しましょう。

Part 6
05

# ビジネスと天気ではスピードが違う！
# 古い統計は有効か無効か？

【問題】ある会社で、正社員の中途採用募集をかけたところ、2人から応募がありました。応募者はそれぞれ次のように主張しています。応募者A「昨年の私の年収は420万円でした」。応募者B「過去20年間の私の平均年収は560万円でした」。

彼らの言う「年収」は、前職の給料のみです（不動産や株などの儲けは含めません）。能力と給料が比例すると考えるなら、応募者Aと応募者Bのどちらを採用すべきでしょうか？

現実には、前職の給料を根拠に採用を決めることなどないでしょうが、ここでは「そういうもの」として考えます。

結論から言うと、「この問題文だけでは、応募者Aと応募者Bのどちらが優秀かはわからない」が正解となります。

単純な数字の比較だけなら応募者Aより応募者Bのほうが優秀に見えるかもしれません。でも、応募者Bの主張は「これまでの平均年収」です。具体的にいつ、どれだけの給料をもらっていたのかはわかりませんから、最近の彼の年収が非常に低い可能性があります。

仮に「20年前のバブル期に年収1000万円、ここ最近は年収300万円、それで全体の平均年収は560万円」というのが応募者Bの実態だったとしたら、応募者Aのほうがよほど優秀な人材と考えられるでしょう。この問題文の情報だけでは、応募者Aと応募者Bのどちらが優秀かは決定できません。

ただ、単純な数字の比較ではなく、「どちらの応募者がより信頼性のある実績を見せてくれたか」という観点で考えると、応募者Aのほうが信頼性の高いデータを出してくれたことは確かです。応募者Bの収入（能力）がよくわからないのに対し、応募者Aは「昨年の年収は420万円」と、はっきり確定した数字を出してくれたからです。

ただ、応募者Aの主張にしても「たった1年の実績しか示していない（データが少ない）」という問題はあります。応募者Aの前職が完全歩合制の営業マンだったとしたら、「昨年の年収420万円」という数字は、本来の能力を超えた〝まぐれ〟の可能性だってあるでしょう。

それでも、「20年前のデータもゴチャ混ぜにしたよくわからない数字」を出した応募者Bに比べれば「確定した最新の数字」を出した応募者Aのほうが信用できるのです。

この問題のケースでは、本当は「応募者の最近3年間の年収の推移」といったデータを出してもらうのが（採用担当者の立場からは）一番ありがたいでしょう。

## ❖「ビジネス」と「天気」はどこが違う？

ビジネスの現場では、「過去の実績」を使って、何らかの意思決定をすることがよくあります。「過去の実績」を根拠として「未来の予測」を行ない、それにもとづいて行動を選択する、それがビジネスの基本です。「そういうことなら統計の出番！」と考えてしまいそうですが、実はそうとも限りません。

一般的な統計の場合、調査対象（標本）のデータが多ければ多いほど結果の信頼性が上がります。ところが「過去の実績」を示そうと思って、へたに古いデータを使った〝統計〟を作ってしまうと、（冒頭の応募者Bのように）逆に結果の信頼性が落ちてしまいます。**古すぎるデータはただのノイズになってしまう**からです。

例えば、「ある会社の株価が今後どう変化するか」を予測するケースを考えます。このとき、「チャートをさかのぼって過去のデータを集めれば集めるほど、将来の株価をより正確に予測できる」とは決して言えません。

一方、「過去のデータが多ければ多いほど未来をより正確に予測できるようになる」という分野も確かにあります。その代表が**天気予報**です。天気予報は「過去の実績を積み上げて作った統計」にもとづいて作られており、一般論として過去のデータが多ければ多いほど予報の信頼性も上がります。

> ビジネスの世界では、古いデータがノイズになる。だから古いデータを大量に使った統計は役に立たない。
> 天気予報の世界では、古いデータがノイズにならない。だから古いデータを大量に使った統計が役に立つ。

こうした差が生まれる理由は、「世界の変化のスピード」にあります。

ビジネスの世界は、数年もたてば状況が一変

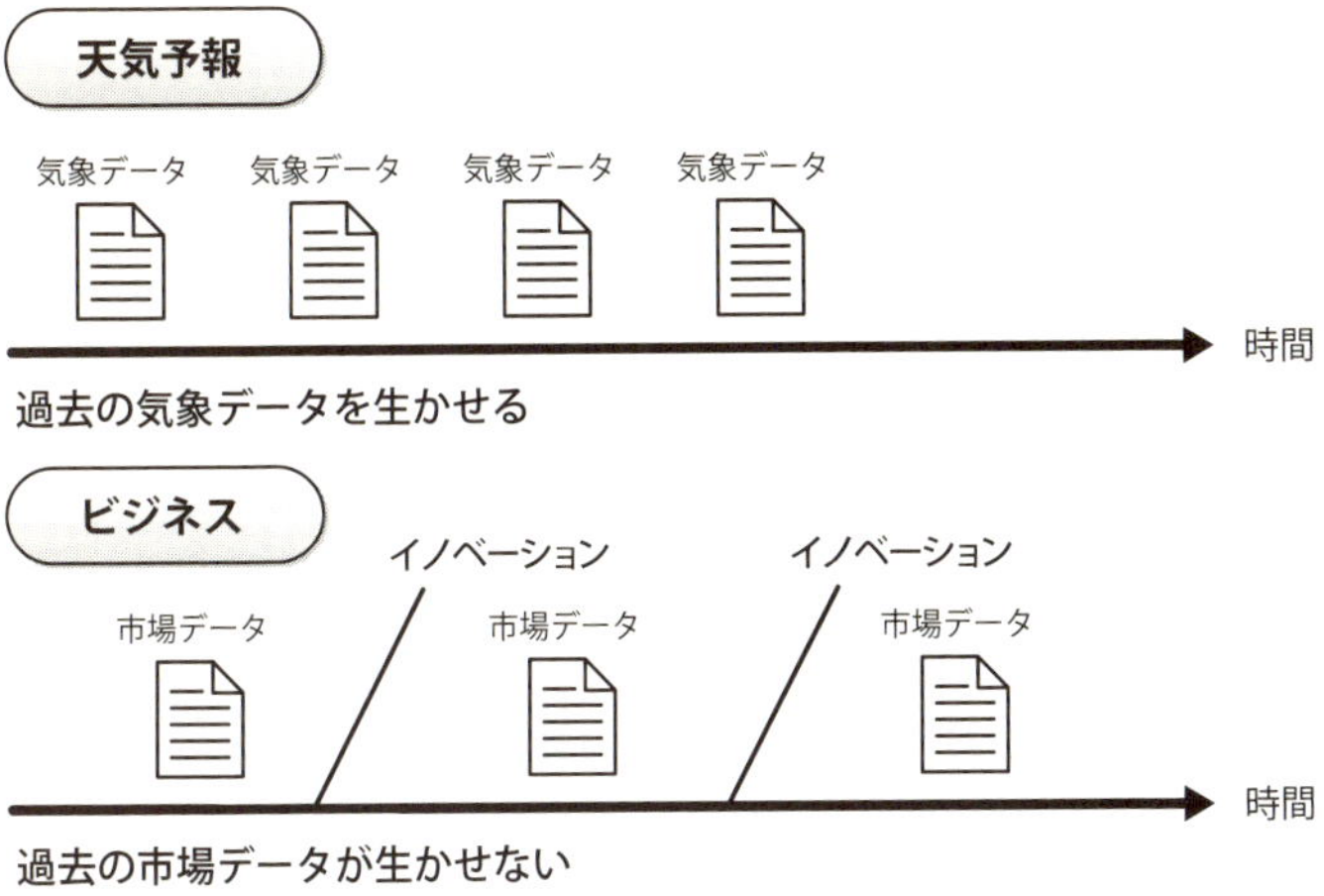
天気予報
気象データ
気象データ
気象データ
気象データ
時間
過去の気象データを生かせる
ビジネス
イノベーション
イノベーション
市場データ
市場データ
市場データ
時間
過去の市場データが生かせない

## ビジネスの世界では、古いデータが使えない。



します。市場や政治、技術、文化といった要素が複雑に絡み合い、毎日のように何らかの分野でイノベーションが起きています。ビジネスの世界は変化のスピードが速いため、過去のデータがすぐに陳腐化してしまうのです。

一方、天気予報が対象としているのは地球規模の環境です。人間社会に比べれば、地球環境の変化はとてもゆっくりです。最近は地球温暖化などと言われていますが、それでも１０００年前からの平均気温上昇は１℃未満です。氷河期などの大きな環境変化もあるにはありますが、そのサイクルは数万年から数十万年です。

これに対し、天気予報に利用される過去のデータは数十年分です。気象庁の前身である東京気象台の設立（明治8年）以降、すべてのデータを盛り込んだとしても、せいぜい１３０年分しかありません。地球全体の歴史から見れば、ほんの短い期間です。これらのデータに含まれる「地球環境全体の変化」は微々たるものでしょう。つまり、過去の気象データはほとんど陳腐化しないと言えます。このようなデータは、過去にさかのぼって大量に集めるほど信頼性が上がる（統計が物を言う）ことになります。

## ❖人間社会は「やわらかいサイコロ」

本書では、統計と確率の関係について、次のように説明しました（☞第3章02参照）。

> 「今までに見たことがあるもの（過去）の『統計』をとり、まだ見たことがないもの（未来）を『確率』によって推測する」

例えば、サイコロを1000回振ります。これが「過去の実績」です。このデータを調べると、⚀の目が出た〝実績〟が全体の約18％を占めることがわかったとしましょう。完全に理想的なサイコロならば、すべての目が16・66…％の確率で出るはず。だからこのサイコロは「ちょっとだけ⚀が出やすいサイコロ」だとわかります。

とりあえずこのサイコロの実績を考えると、今後もはやり、約18％の確率で⚀が出続けるだろうと〝推測〟されます。

――これが、「過去の実績（統計）」と「未来の推測（確率）」の関係です。このような「過去の実績にもとづく未来の推測」が可能なのは、「サイコロの性質は、過去から未来にかけて永遠に不変」という前提があるからです。

もしも、このサイコロが非常にやわらかい材質でできていた場合、振れば振るほどカドが欠けて形が変わっていきます。そうすると、出る目の確率も変化していきます。こうなると、こ

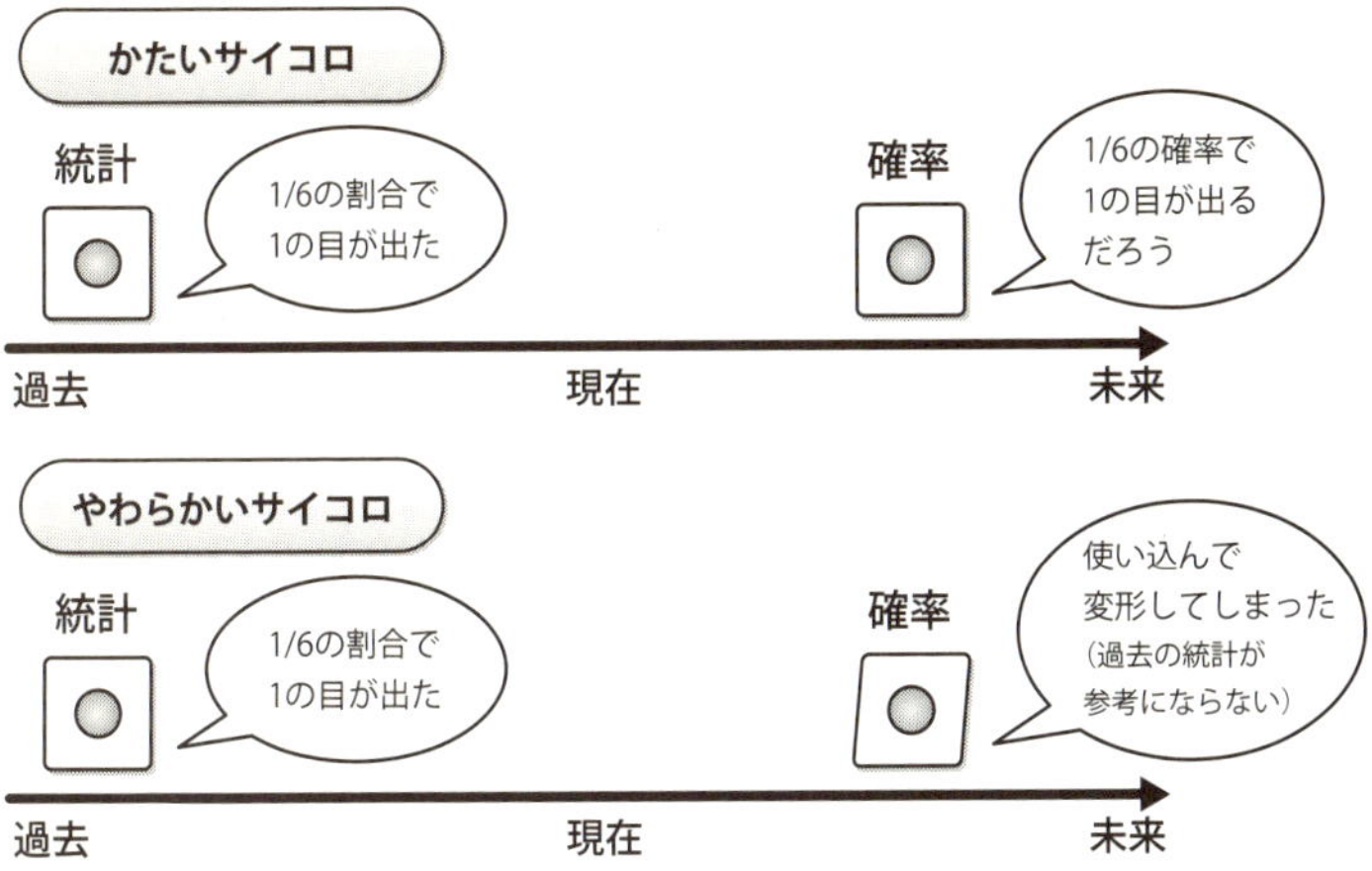
かたいサイコロ
統計
1/6の割合で
1の目が出た
確率
1/6の確率で
1の目が出る
だろう
過去
現在
未来
やわらかいサイコロ
統計
1/6の割合で
1の目が出た
確率
使い込んで
変形してしまった
（過去の統計が
参考にならない）
過去
現在
未来

## 人間社会は「やわらかいサイコロ」である。



のサイコロの未来（どの目がどんな確率で出るか）を推測することは不可能になります。

人間社会（ビジネスの世界）は、このような「やわらかいサイコロ」に似ています。時間がたてばたつほど状況が変化していくので、過去のデータがどんどん役に立たなくなっていきます。

だからといって「ビジネスの世界では統計が役に立たない」というわけではありません。「やわらかいサイコロ」は、一瞬で別の形に変わるわけではありません。徐々に段階を踏んで、少しずつ変化していきます。だから、「最近100回分の統計」を使えば、「この次に振る10回分の目の予想」を立てるくらいはできるでしょう。

**時間がたつと状況が変わってしまう。だから最新のデータだけが意味を持つのです。**ビジネスの世界で統計を利用するときも同じ。必ず最新のデータを使わなければ意味がありません。

Part 6

# 06

## 最新データだけで未来を予測

## 統計vs解析学①

# 連続的な変化

**【6章のここまでのまとめ】**

・「統計」はコストが高いので、使いどころを絞って効果的に使う。

・何らかを提案を行なうときは、「統計」ではなく「実績」をアピールする。

・客観的な根拠を何も示せないようなときこそ、「統計」を利用する。

・変化が速い世界では「統計」による未来予測は難しい。

・それでも「統計」を利用するときは、できるだけ最新のデータを使う。

マーケティング調査で統計を利用するときは、最新の調査結果を使い、現状を素早く正確に伝えることが重要です。少しでも時間がたってしまうと、せっかくのデータが陳腐化してしまうからです。

「ビジネスの世界は変化のスピードが速いので、『統計』の使いどころが難しい」とも言えるでしょう。さらに言い替えると、「統計は状況の変化に弱い」ということです。

では、「**状況が変化していく様子**」を予測したいときは、どうすればよいのでしょうか?

それについては、統計よりもっと適した道具があります。

まずは、次の問題を見てみましょう。

**【問題】** A社の過去4年間の売上高は次のとおりでした。

2010年：9000万円
2011年：1億1000万円
2012年：1億3000万円
2013年：1億5500万円

では、2014年の売上高はどうなると予測できるでしょうか？

右の数字を見ただけではわかりにくいかもしれませんが、これまでのA社は「前年のおよそ1・2倍」のペースで売上が伸び続けています（グラフに表わしてみると一目瞭然です）。

したがって、2014年は「2013年の1・2倍」となる、1億8000万円から1億9000万円程度の売上になると予想できます。

これは、「道具」とか「手法」と呼べるほど大げさなものではありません。ただ単に、過去の実績のグラフを描いて、そのまま伸ばしただけです。

ここで、「たった4つの数字だけを使って、そんな簡単に予測を立てていいのだろうか？　もっと過去の売上データまでさかのぼって『過去20年の売上高の伸び率の平均』を計算したほうが、より正確な予測を立てることができるのではないか？」——などと言って、へたに〝統計っぽい手法〟を持ち込むと、途端に予測がメチャクチャになります。

最新のデータ〝だけ〟を使って、最近の情勢〝だけ〟を数字に反映させ、シンプルに予測を立てる。これが重要なポイントです。

なお、プレゼンテーションの資料に掲載する「過去の売上高推移グラフ」には、過去20年の実績を掲載してもかまいません。あくまで「将来の予測を立てるために、最近のデータ〝だけ〟を使う」という意味です。

ここに挙げた例題は、過去4年間の実績がきれいな直線になったので、その直線をそのまま延長するだけで「予測」を作ることができましたが、実際にはこんなに単純なグラフになることは少ないでしょう。

でも、グラフが少しくらいギザギザしていたところで、「なんとなく全体的に右肩上がりになっているなら、今後も自然に上昇予測」、あるいは、「なんとなく全体的に下がっているようなら、今後も自然に下降予測」といった考え方で十分です。

このような予測法にあえて名前をつけるなら、（統計的手法に対して）「**解析的手法**」と呼べるでしょう。少し大げさな気もしますが、これは解析学で登場する「**微分**」の考え方に近いからです。

難しく聞こえるかもしれませんが、内容はいたってシンプルです。

ただ、「最近の実績を、そのまま未来に伸ばしたグラフを描きます」とストレートに言ってしまうと、なんだかありがたみがありませんからね。そこで、あえて数学的に（解析的に）表現してみましょう。

グラフが「現在」において「微分可能」となるよう、過去（実績）から未来（予測）にかけて滑らかにつながるようにグラフを描く。

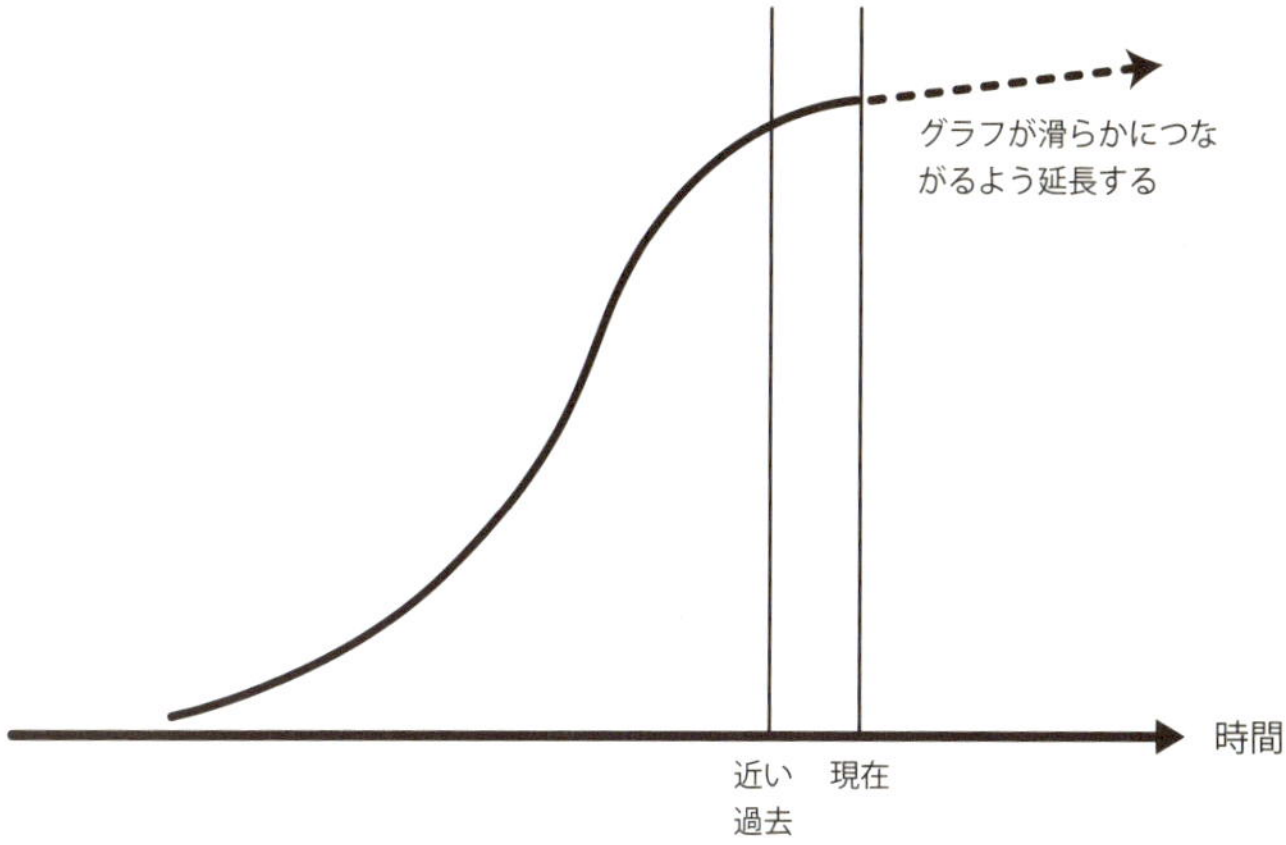


## 最小限のデータを使って、解析的に予測可能。

本当の数学の世界では、連続的なグラフでなければ微分は定義できません。

ビジネスで使うグラフは、「1年ごとの決算」や「毎月の売上」のように、必ず数字がとびとびになります。ですから、ここで「微分可能」という言葉を持ち出してくるのは、強引もいいところです（本来なら「差分」という言葉を使うべきです）。

それを承知で、あえて私が「微分」という言葉を出したのは、「未来を予測するためには、あまり古いデータまでさかのぼる必要はない」ということを強調したかったからです。

おそらく、この本の多くの読者は「微分」という言葉の意味を知らない（学校で習ったけれど覚えていない）でしょう。なので、ほんの少しだけ説明します。

「微分」とは、「微小区間の変化率」によって定義される言葉です（本当は「極限」の考え方が必要ですが、そこまでは理解しなくてけっこうです）。

「微小区間」と呼ぶくらいですから、その前後（近い過去）のデータを少しだけ使えば十分です。統計と違って、「過去のたくさんのデータ」を持ち込む必要がないのが、微分の良いところです。

「だいたいの変化率（グラフの傾き）」が決められる程度の（微少量の）データさえあれば、「滑らかに過去から未来につながるグラフ」を描くことができる。これが「微分可能」という意味になります。

ただ、いくら「微小区間」とは言っても、グラフの傾きを正確に出すためには、ある程度のデータ量を用意したほうがよいでしょう。ただし、くどいようですが「データを増やせば増やすほど正確な傾き（予測）を導き出せる」ということではありません。

## ❖ 未来を予測するもうひとつの方法

ここでは「統計学」と対比させる目的のために、あえて「解析学」や「微分」といった言葉を持ち出しましたが、その本質は「最近の実績だけを見て、そのまま未来を予測する」という単純な方法です。

このように単純な（解析的な）考え方ができるのは、ビジネスで扱う多くのデータが、「時間によって連続的に変化する量」として表わされるからです。データとデータの間に「時間的なつながり」があるときは、「近い時間のデータ同士は、そこまで大きく変わらない」という特徴があります。

例えば、株価は「時間によって連続的に変化

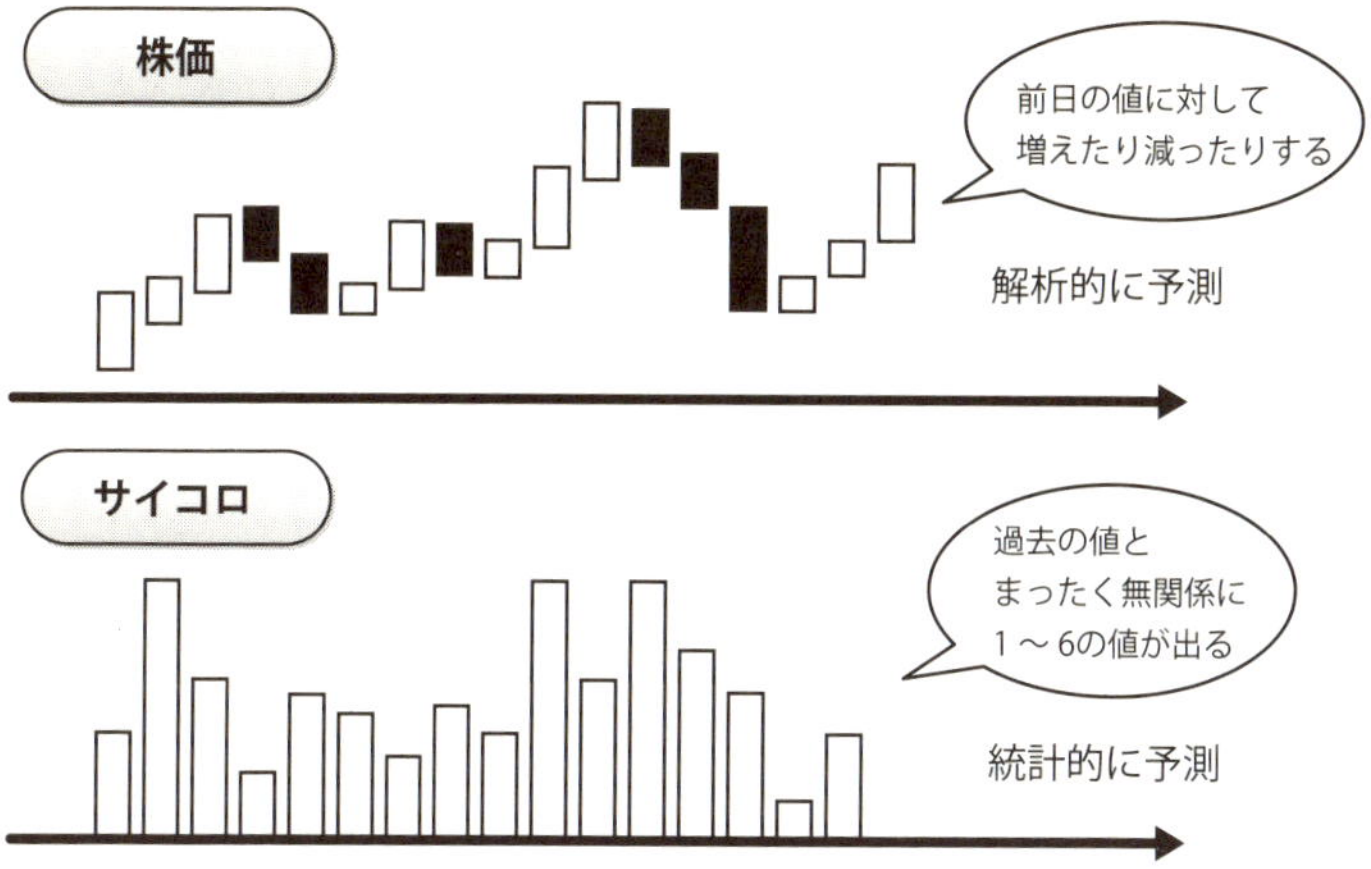
株価
前日の値に対して
増えたり減ったりする
解析的に予測
サイコロ
過去の値と
まったく無関係に
1～6の値が出る
統計的に予測

## 解析的手法と統計的手法を使い分ける。

する量」です。したがって原則的には、「短い時間では少ししか株価が変わらない」「大きく株価が変化するためにはある程度の時間が必要」と言えます。株価の暴騰や暴落もありえますが「1分間で100倍の株価になる」といった極端なことにはなりません（倒産すればまた話は違いますが……）。

仮に「株価が短時間で極端に変化した」と見えるときでも、時間の間隔をさらに短く区切って考えれば、「隣のデータ同士は、あまり値が変わらない」という状態に持ち込むことができます。

このように、「時間によって連続的に変化する量」や「時間の流れの中で変化していく数字」については、統計学よりもっと予測が楽な方法、つまり解析的な方法を適用できることが多いのです。

第6章

Part 6
07

## 対象をえり好みしないユーティリティ・プレイヤー 統計vs解析学② 総合的な分析

「統計的手法」は、調査対象のデータが多ければ多いほど正確な結果（予測）を出すことができる道具です。

一方、「解析的手法」は、最新のごく少数のデータがあれば、正確な結果（予測）を出すことができる道具です。

これまでにも繰り返し述べてきましたが、統計を使いこなすためには（大量のデータを扱う以上）、おのずとコストがかかってしまいます。それに対し、解析的手法はあまりコストがかかりません。

こうして見ると、統計学より解析学のほうがとても優れているように見えます。でも、そうではありません。統計学には統計学の、解析学には解析学の良さがあります。

特に統計学は、「使おうと思えばどんなデータにも適用できる（対象の条件を選ばない）」ということが最大のメリットです。

解析的手法は、「近いデータは近い値になる（近い時間では近い値になる）」という特殊な状況でしか使えません。

例えば、「あるクラスの期末テストの平均点」を出すには、解析的手法では不可能です。統計を使って、愚直にクラス全員の点数を計算する必要があります。

というのも、「あるクラスの期末テストの点数」については、「近いデータが近い値になる」とは言えません。仮に「席が近い人ほど点数が近い」とか「出席番号が近い人は点数が近い」といった性質があれば、解析的手法が使えるかもしれませんが……残念ながらそのような性質はないからです。

平均点は、クラスの誰が、どんな点数をとっているか、結果（データ）をすべて見て、初めてわかることです。

こういう状況でこそ、統計が真価を発揮します。統計を使えば、クラス全体の〝現在の〟成績の傾向がつかめるでしょう。

ただし、同じクラスで何度も繰り返しテストを行ない、「それぞれの生徒の点数の推移」というデータが溜まってくると、解析学の出番になります。

最近の3〜4回のテストの点数さえわかれば、「次回のテストでは、クラスの平均点はこうなる！」という〝未来の〟予想を簡単に立てることができます。

## 何も手がかりがない状況

解析的な手法が生かされている典型例は、株式投資などで使われる「**テクニカル分析**」です。テクニカル分析を使えば、株価のチャート（グラフ）から特徴を読み取ることで、未来の株価を予測します。

例えば前項では、「過去4年間の売上グラフをそのまま延長することで、未来の売上予測を立てる」という例題を考えました（☞第6章06参照）。このような考え方は、テクニカル分析の「トレンドライン」と呼ばれるものと、よく似ています。

実際のところ、株価の場合、しばらく上昇が続いたからといって、「将来もそのまま上昇し続ける」と言えるはずがありません（これが言えれば、誰もが株で儲けることができてしまいます）。

そもそも株価というものは、細かく上がったり下がったりを繰り返しながら変化していくものなので、単純なトレンドラインだけで予測を立てられるケースは滅多にありません。

そこで、株価予測のためには、トレンドライン以外にも、さまざまな方法が考えられているのです。

ちなみに、「テクニカル分析」の中には、あまり根拠のないオカルト的な理論も多く混在しているので、運用には注意が必要です。それにも関わらず、（特に個人投資家の間で）テクニカル分析の人気が高いのは、「過去の株価の推移グラフさえあれば、誰でも予測できる」という手軽さが受けているからです。

一方、統計は、対象のデータを選ばないのが長所です。相手がどんなデータでも、統計を使えばさまざまな分析ができます。

「データの数が少ないと、結果の信頼性が低くなる」というのが統計のデメリットですが、裏を返せば「大量のデータを調べれば、必ず何らかの結果を出せる」というメリットにもつながります。

本当にまるっきり傾向がつかめない、わけのわからないデータの山を調べるときこそ、統計を使う価値があるので、株式投資の分野では、「**ファンダメンタル分析**」において統計が利用されます。

「ファンダメンタル分析」とは、「株式を発行し

解析的手法が使える条件

・時間によって連続的に変化するもの
・ある程度、滑らかに変化するもの
（変化がはげしすぎるとトレンドラインが引けない）

使える場面が限られる

統計的手法なら…

とにかく大量のデータを積み上げまくれば、
何らかの結果を出せる！

## 雲をつかむような状況でこそ「統計」が活躍する。

ている会社そのものの特徴を総合的に分析することで、株価を予想する」というものです。「その会社の決算報告（財務諸表）」や「その会社の商品の特徴」「市場や競合他社の状況（マーケティング調査）」「政治や経済全体の動向」など、ありとあらゆる要素を考慮しながら、株価の行く末を予測します。

テクニカル分析の場合は、株価の数字だけを追いかければよいのに対し、ファンダメンタル分析では企業全体の総合的な業績を評価しなければなりません。「何をどこまで調べれば十分」という目安もありません。

もちろん、企業全体を評価するためには、手がかりとなるデータは多いほうがよいに決まっています。したがって、ファンダメンタル分析では、統計をどこまで使いこなせるかがカギとなります。

Part 6
08

バラバラに変化する事象を統計的に考えてみよう

# どれくらい「早め」に行動すべきか？

株式市場における株価は「時間によって連続的に変化する値」です。なぜなら、株価というものは「直前の株価から上がる」、または「直前の株価から下がる」といった変化しかしません。「値幅制限」というルール（ストップ高・ストップ安）もあるので、暴騰や暴落をすることがあっても、「何日もかけて次第に株価が上がる（下がる）」という状態を繰り返すことになります。

そのようなケースでは統計的手法より解析的手法のほうが有効である——私はこう述べました。

でも世の中には「**連続的ではなくバラバラに変化するもの**」がいくらでも存在します。バラバラに変化するものは解析的には「予測不能」ですが、統計を使えばいろんなことが（わりと強引に）予測できます。

まずは、次の問題を考えてみましょう。

**【問題】** 会社員のAさんは、自宅から約1キロ先の会社まで徒歩で通勤している。通勤路は歩道が狭くて、いつも学生で溢れている。また、信号がいくつもある。そのせいか、通勤にかかる時間が日によってかなり違う。

Aさんはいつも早めの出勤を心がけているが、あまり早く会社に着くのもバカらしい。かといってあまりギリギリに家を出ると、最後は走るはめになってしまう。

そこでAさんは、「どれくらい早めに出勤するのが最適か」を見極めるために、自宅から会社までの移動時間を、1か月にわたって記録してみた。そのデータが次のものである。

15　14　17　14　19　15　13　20　16
21　15　14　21　16　17　28　14　19
15　14　18（単位：分）

Aさんは、毎朝どれくらいの時刻に自宅を出ればよいか？

なお、会社の出社時間は午前10時とする。

毎朝の通勤時間（徒歩にかかる時間）というものは、「連続的に変化する値」ではありません。もしも「前日の通勤に15分かかったから、今日の通勤時間は、その15分から少し増える（または減る）」といった話になるのであれば、これは「連続的に変化する値」になります。

でも、現実には「今日の通勤時間」と「前日の通勤時間」の間に、何の関連性もありません。このように、前後でまったく関連性のない事象のことを「**独立事象**」といいます。

ほかの独立事象の例としてはサイコロがあります。「さっき振ったサイコロの目」と「いまから振るサイコロの目」には何の関連性もありません。

独立事象は連続的ではなくバラバラに変化するものです。だから、過去の実績（データ）から傾向を読み取り、未来を予測するためには、統計を使うしかありません（なお、冒頭で触れた株価は独立事象ではありません。「現在の株価」に「直前の株価」が影響を与えているからです）。

さて、前ページの問題では、1か月間の調査ということで、全21個のデータがありました。とりあえず、これらの平均をとってみましょう（{15+14+17……+15+14+18}÷21=16.9047…）。すると「徒歩にかかる平均時間は、約16・9分（16分54秒）」ということがわかります。

しかし、平均時間がわかっただけでは、あまり意味がありません。「徒歩にかかるのは平均17分弱だから、自宅を17分前に出ればいい」などと決めてしまうと、（データが正規分布に近ければ）およそ2日に1度は、走るはめになるでしょう。

次に、データ全体を見渡してみると、その最大値は28分だとわかります。したがって、出社時間の28分前に自宅を出れば、まったく走ることなく、いつも余裕を持って出勤できることになるでしょう。

でも、Aさんはたった1か月間のデータしかとっていません。なので、「28分前なら100％絶対に間に合う」とは言い切れません。1か月に1度もないほどレアなケースなら、たまに走るくらいは仕方がないかもしれませんが……。

ただ、どうせ「たまに走るのは仕方ない」と割り切るなら、家を出るのはもう少し遅くていいかもしれません。

そこで「通勤にかかる時間のばらつき」を知

最大通勤時間
28分
平均通勤時間
16分54秒
午前10時
始業

## 何時に家を出ればよいか？

りたくなります。

ばらつきを示す指標といえば「標準偏差」です。21個のデータの標準偏差を計算すると「約3・45」であることがわかりました（標準偏差の計算方法は、第3章13を参照）。

この「3・45」という数字には、あまり意味がありません（と、「標準偏差」について紹介したときにも述べました）。

が、あえて意味を与えるなら、次のようなことが言えます。

> 平均（16・9分）から、標準偏差に相当する幅（前後約3・45分）の間に、全体の約7割のデータが含まれる〝だろう〟。

本当にこう断言するには、データが〝普通の統計〟になっている（正規分布になっている）

あいまいな書き方をしています。

ことが必要です。なので〝だろう〟という、あいまいな書き方をしています。

細かいことはさておき、ここから次のことがわかります。

> 平均（16・9分）に標準偏差（3・45分）を足したぶんだけ余裕を見ておけば――つまり20・35分（20分21秒）前に自宅を出れば――全体の7割の日は、走らずに出勤できる〝だろう〟と予測できる。

「7割」という数字がどこから出てきたのかと疑問に思ったかもしれませんが、「これはそういうもの」と覚えてください（より正確に言うと約68・3%になります）。ちなみに「平均に標準偏差を足した幅」というのは、「偏差値40〜60」に相当します（☞第3章12参照）。

さらに次のことが言えます。

> 平均（16・9分）に標準偏差（3・45分）の2倍を足したぶんだけ余裕を見ておけば――つまり23・8分（23分48秒）前に自宅を出れば――全体の95・4%の日は走らずに出勤できる〝だろう〟と予測できる。

「平均に標準偏差の2倍を足した幅」というのは「偏差値30〜70」に相当します。

会社員（Aさん）の1年の出勤日数を250日として、Aさんは出社時間の24分前（つまり9時36分）に自宅を出るようにしておけば、「遅刻しそうになって走るはめになる日」は、1年に約10日（全体の4・6%）しか発生しない計算になります。

どうでしょう？

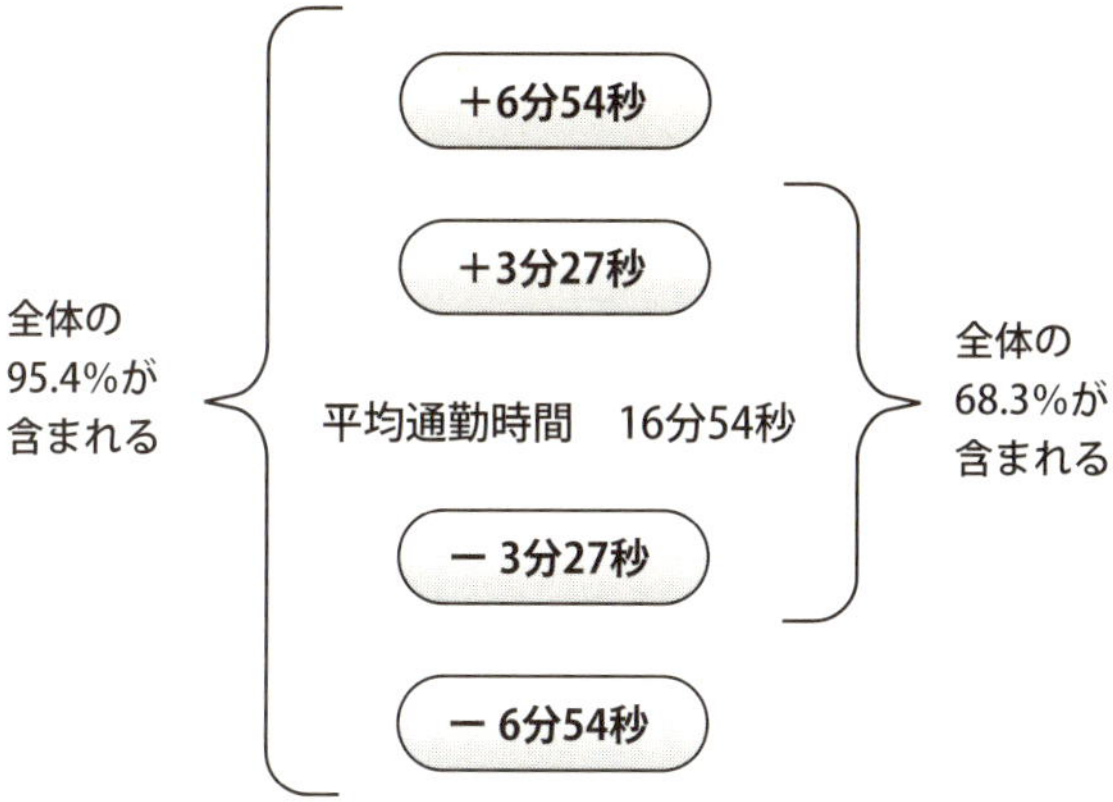

＋6分54秒
＋3分27秒
全体の
95.4％が
含まれる
平均通勤時間　16分54秒
全体の
68.3％が
含まれる
－3分27秒
－6分54秒


## 「たまには走るはめになってもよい」と割り切ればどうか？

28分前（データの最大値）に駅に着くよう行動したところで「絶対10時に間に合う」とは断言できません。どうせ「たまに走るはめになっても仕方ない」と割り切るなら、もう少し家を出るのが遅くなってもいいでしょう。その目安がだいたい24分前というわけです。

バラバラのデータに統計的な分析を加えることで、だいたいの通勤時間の目安がわかりました。なんでも早めに行動したほうがよいのは当たり前ですが、「じゃあどれくらい早めに行動すべきなの？」という問題を真剣に考えたことがある人は多くないでしょう。

一般には「5分前行動」とか「10分前行動」などと言われますが、5分や10分という数字に何か根拠があるわけではありません。でも統計を使えば「早めに行動すべき幅」を論理的に導くことができるのです。

Part 6

09

# 異なる事象の相関関係

## 「連続的に変化するふたつの値」を検証する

統計を使えば、「異なるふたつの事象の間に相関関係があるかどうか」を検証できます。その具体的な方法について紹介しましょう。

第5章で、「朝食を食べる子のほうが（朝食を食べない子よりも）成績が良い」という相関関係について解説しました（☞第5章11参照）。

朝食と成績の関係については、これまでに政府（文部科学省）や各自治体の手によって、似たような統計が繰り返し発表されています。ですから、（因果関係があるとは限りませんが）朝食と成績の間に一定の相関関係があることは間違いないでしょう。

「相関関係の検証」と言うと何やら大げさですが、結局は普通に統計をとるだけの話です。

朝食と成績の関係について検証したい場合、まず母集団（標本）を「朝食を食べるグループ」と「朝食を食べないグループ」に分割します。次に、それぞれのグループの「成績の平均値」を算出し、両者を比較します。ふたつのグループの成績に明確な差があれば、「朝食と成績の間に相関関係がある」と認められるでしょう。簡単ですね。

### ❖ふたつの値が連続的に変化するとき

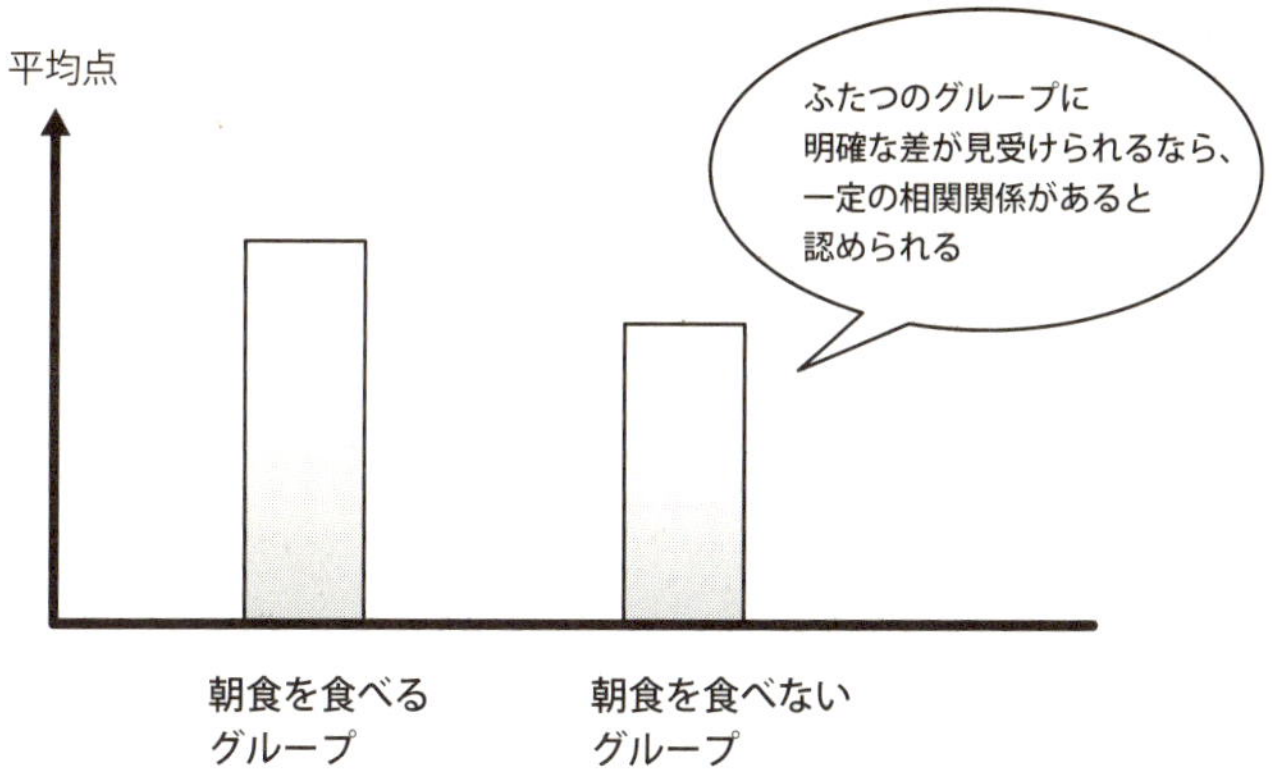
平均点
ふたつのグループに
明確な差が見受けられるなら、
一定の相関関係があると
認められる
朝食を食べる
グループ
朝食を食べない
グループ

## 相関関係を調べるときは、標本を分割して比較する。

朝食と成績の相関関係の検証が、なぜ簡単にできるのか？

――その理由は、「朝食を食べるかどうか」がデジタル的に決定できるからです。回答は「食べる」か「食べない」かの二者択一しかありません。

より詳しい相関関係を調べるために、朝食を食べる頻度（「毎日食べる」「2日に1度は食べる」「ときどき食べる」……）によってグループを細分化することも考えられますが、それでもせいぜい3つか4つ程度にグループを分割すればすむでしょう。

この場合も、最大4つの平均値を比較するだけで相関関係の有無を判断できますから、特に難しいことはありません。

さて、問題は「デジタル的に決定できない事象」について相関関係を調べるときです。

次のようなケースを考えましょう。

**【問題】** 日本人は世界で最も平均寿命が長いことで知られています。一方で、日本人は（外国人に比べて）平均身長があまり高くないことも事実です。
それでは、一般論として「人間は身長が低ければ低いほど寿命が長い」と言えるのでしょうか？　身長と寿命の間に、相関関係はあるのでしょうか？

さきほどの「朝食と成績」の例では、「朝食を食べるかどうか」でいくつかのグループに分けることができました。ところが「身長と寿命」について調べようとすると、単純なグループ分けができないことがわかります。適当に基準を決めてグループを分割する（例えば「身長160センチ以上」と「身長160センチ未満」）ことは可能ですが、それだけでは相関関係をうまく検証できません。「身長が低ければ低いほど、より寿命が長い傾向にあると言えるか？」が知りたいのですから、単純にふたつのグループに分けるだけでは不十分です。身長ではなく寿命に着目し、「65歳以上存命かどうか」といった基準でグループを分けることも考えられますが、やはり何の解決にもなりません。

知りたいのは「一方の値が大きければ大きいほど他方の値も大きくなるのか？」ということですから**「連続的に変化するふたつの値（身長と寿命）」の関係をうまく捉える**ことが必要です。
このようなときは、「身長」と「寿命」をふたつの変数とみなし、平面にグラフを描くことによって相関関係の有無を検証します。例えば、100人の標本に対して身長と寿命の調査を行

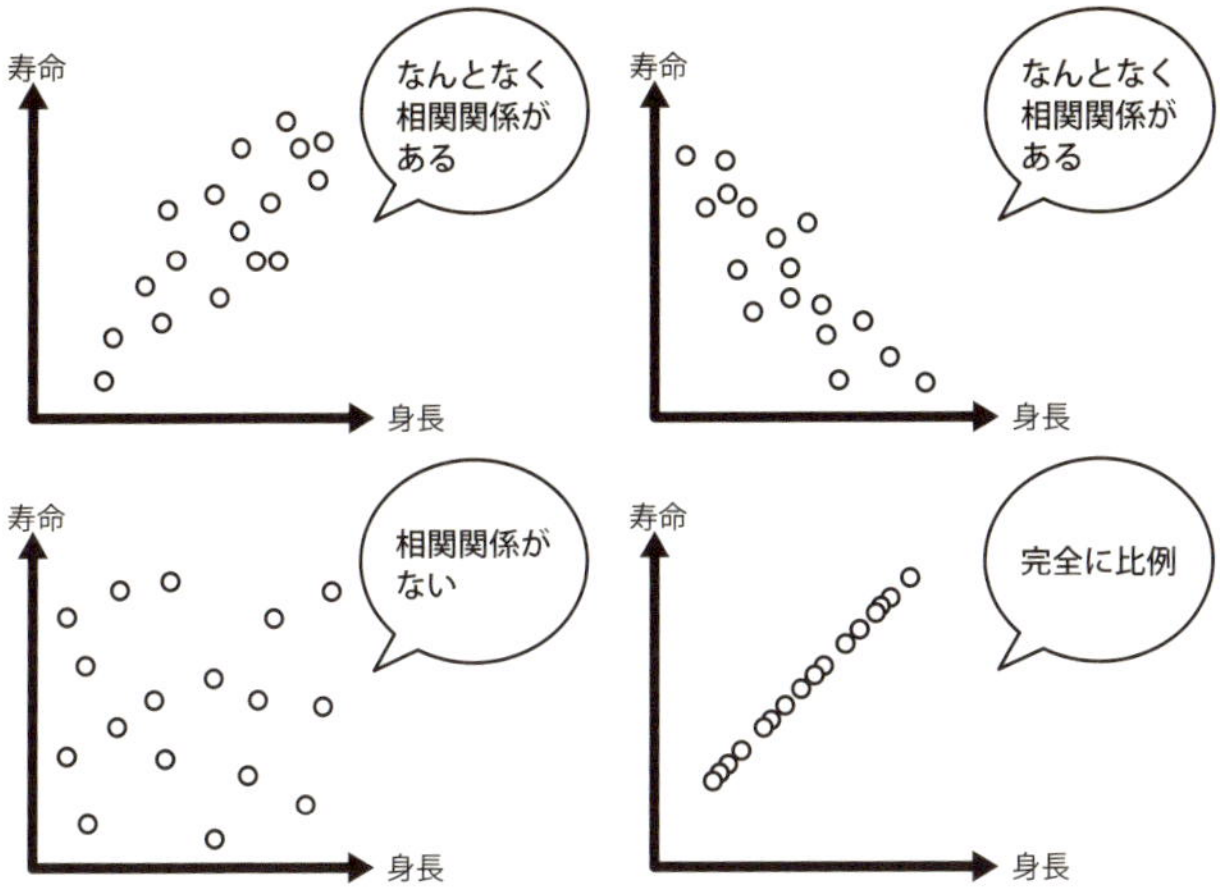


## ✣ 両方の値が連続的に変化するときは「散布図」を使う。

なったとすると、それぞれの身長をx座標、寿命をy座標と見なすわけです。

そして、（Aさんの身長、Aさんの寿命）（Bさんの身長、Bさんの寿命）（Cさんの身長、Cさんの寿命）……と、合計100個の点を平面上に記録するのです。

こうして標本のデータをひとつひとつ平面上に記録したグラフを「**散布図**」と呼びます。

もしも身長と寿命に相関関係が存在するなら、散布図に記録した100個の点がなんとなく直線上に並ぶように見えるはずです。まったく相関関係がないのであれば、100個の点は散布図上のめちゃくちゃな位置に散らばったように見えるでしょう。身長と寿命が完全な比例関係にある場合は、すべての点が一直線上にきっちり並び、一次関数のグラフと完全に一致することになります（そんなことはありえませんが）。

Part 6 10

# 他人に見せるためか、自分で使うためか 統計を使う3つの意味

本章ではここまで、ビジネスの現場で役立つさまざまな数字（統計）の使い方を紹介してきました。最後に、それらの要点をまとめておきましょう。

ビジネスにおける統計は、「その統計を誰が見るのか」によって、大きくふたつに分類できます。「他人に見せるための統計」と「自分が使うための統計」です。

## ① 他人に見せるための統計

「他人に見せるための統計」は、主にプレゼンテーションにおいて、自分の主張の根拠を示すために使うものです。

この場合、他の人に数字を見せることが目的ですから、「わかりやすさ」が何より重要になります。「平均値」といった誰でも知っている指標、そして見やすいグラフだけを使って、統計データをシンプルに表現しましょう。

理工系出身の自信家ほど、「大量の分析結果を突きつけながらドヤ顔で小難しい統計用語をしゃべり倒す」といったアピールをやらかします。本人はおそらく「難しい内容をアピールしたほうが自分の有能さを示せる」と考えているのでしょうが、第三者の目には「コミュニケー

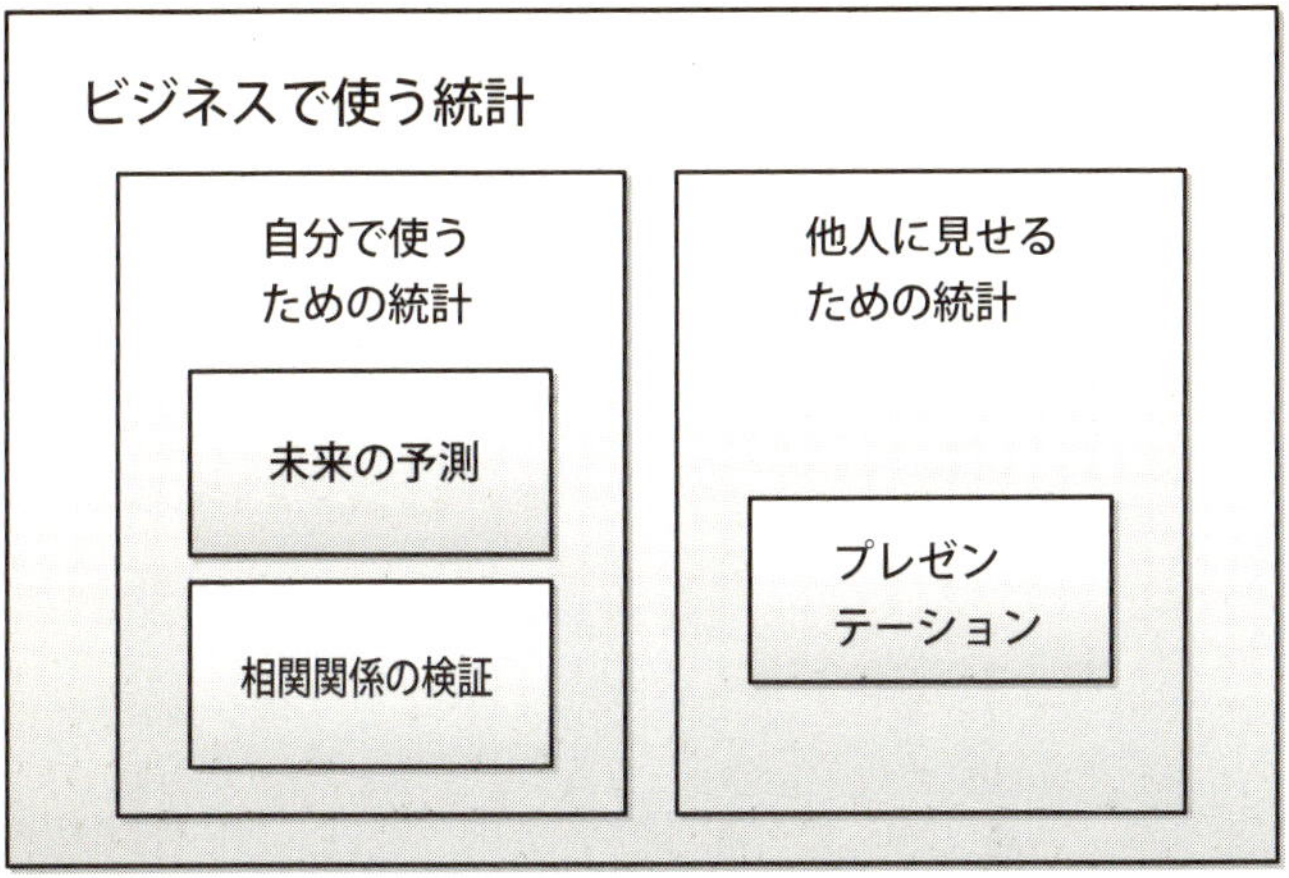
ビジネスで使う統計
自分で使う
ための統計
未来の予測
相関関係の検証
他人に見せる
ための統計
プレゼン
テーション

## ビジネスの現場で役立つ統計

ション能力に難がある人」としか映りません。見栄のために専門用語を並べ立てても、化けの皮はすぐにはがれます。

なお、プレゼンテーションの目的によっては、統計を使わないほうがよいケースもあります。統計を使えば「集団全体の傾向や特徴」を示せるメリットはありますが、一方で統計は「個々の確定的な情報」をピンポイントで示すことに向きません。

特に「自分自身の実績」「現在の事業の財務」といったプロフィールをアピールする場では、統計を持ち出さないほうがよいでしょう。自分自身のことであれば、確定的な情報をズバッと示したほうが、よほど説得力があります。「実績を示すための統計」であれば提示してもよいでしょうが、その場合は最新データだけを端的に見せることが大事です。「データは多ければ多いほうがいい」などと考えて下手に古いデータを積み上げると、逆に説得力が落ちてしまいます。実績だけで勝負する場には、決して統計を持ち込んではなりません。

## ②自分で使うための統計（その1）

自分自身のために統計を使う目的は、客観的なデータにもとづいた判断材料を手に入れることです。他人に見せるための統計ではありませんから、自分だけが結果を理解できれば、それでOKです。

したがって資料としての統計の「わかりやすさ」は二の次になり、「データから結論を導く論理」が重要になってきます。

「自分で使うための統計」の第一の用途は、未来の予測です。

過去の実績について統計をとり、その結果から未来を（確率によって）推測します。ただ、もし可能であれば、統計的手法ではなく、解析的手法によって未来を予測するほうが手軽で便利です。

解析的手法を使えば、「近い過去のデータ」だけを用いて最小限の手間で予測を立てられるメリットがある一方、「独立事象（過去に左右されない事象）には適用できない」「はげしすぎる変化には対応できない」といったデメリットもあります。

特に独立事象に関する予測は、統計のテクニック（確率・期待値・標準偏差などを含む）を駆使することで初めて可能になります。状況に応じて、手法を使い分けることが大事です。

## ③自分で使うための統計（その2）

「自分で使うための統計」の第二の用途は、相

ここは
実績だけで
押すべき！
統計を使うと
かえって説得力が
落ちるかも？
もっと楽な
方法があるかも？
古いデータは
出さないほうが
よいのでは？

**「統計を使わないほうがよいかも」という可能性を常に意識できる人が真の統計エキスパートである！**

関関係の検証です。

異なるふたつの事象について、「なんとなく関係がありそう」と思えるときに、統計的分析によって「本当に関係があるかどうか」を判断します。

「ふたつの事象の間に相関関係があるかどうか」の検証は、統計を使わなければできません。ある意味、統計の最大の見せ場です。

――以上、簡単にまとめてみましたが、「統計は使わなくてすむなら使わないほうがよい」ということを覚えておいてください。

本書で何度も同じことを書きましたが、統計はとてもコストが高い道具です。「統計を使えるけど、あえて統計を使わない」という判断を適切に下せる人が、真の統計エキスパートなのです。

# あとがき

「統計学」と「統計」の関係は、「カメラ」と「写真」の関係に似ています。

統計学は非常に優れた学問の体系ですが、使い方が悪いと、いくらでも胡散臭い統計ができあがってしまう。高性能のカメラで撮影しても、使い方が悪ければピンボケ写真ができあがってしまうのと似ていませんか?

「はじめに」でも書きましたが、他人を説得する目的で統計を持ち出してくるような人は、その時点で怪しいのです。よくわからないピンボケ写真を持ち出してＵＦＯやネッシーの存在を主張する人と、イメージがダブります。

もっとも、写真のほうはすっかりデジタルの世界に移行したこともあって、「写真がいつでも揺るぎない証拠になる!」と考える人は少なくなりました。コンピュータを使えばどうにでも画像処理できてしまうことを、多くの人が知ってしまったからです。

そう考えると、統計はしょせん「ただの数字」ですから、もともと鉛筆一本あれば加工も捏造もやり放題です。統計は写真よりはるかに信用ならない……と思うのですが、なぜか「デジタル写真は疑っても、統計の数字はまったく疑わずに受け入れる」という人がかなり多い気がします（「多い」といってもこれはあくまで私の主観であって〝統計〟ではありませんが……）。

そこで本書では、全体を通して大きくふたつのことを主張しました。ひとつは「統計は皆が思うほどには説得力がない」ということ。もうひとつは「それでも統計は役に立つ」ということです。

「統計はまったく信用できない」というわけではありません。ちゃんとポイントをおさえてチェックすれば、信頼性はだいたい見えてきます（どこがおさえるべきポイントかは、第5章で述べました）。

そもそも世の中には、「いつでも必ず役に立つ万能アイテム」など存在しません。ですから「統計が使えないケース」が存在するのは当たり前のことです。「どんなときに統計が使えるのか」そして、「どんなときに使えないのか」をはっきり見極めることさえできれば、（たとえ統計学の専門用語をほとんど知らなくても）統計エキスパートを自称してもらってかまわないと思います。

山本誠志

# 参考文献

■アイリーン・マグネロ文／ボリン・V・ルーン絵／神永正博監訳／井口耕二訳『マンガ　統計学入門』講談社
■神永正博『ウソを見破る統計学』講談社
■佐藤信『推計学のすすめ』講談社
■田栗正章、藤越康祝、柳井晴夫、C・Rラオ『やさしい統計入門』講談社
■ダレル・ハフ著／高木秀玄訳『統計でウソをつく法』講談社
■ダレル・ハフ著／国沢清典訳『確率の世界』講談社
■豊田秀樹、前田忠彦、柳井晴夫『原因をさぐる統計学』講談社
■吉本佳生『確率・統計でわかる「金融リスク」のからくり』講談社
■依田高典『行動経済学』中公新書
■大竹文雄『競争と公平感』中公新書

■大竹文雄『経済学的思考のセンス』中公新書

■梶井厚志『戦略的思考の技術』中公新書

■Allen B. Downey 著／黒川洋、黒川利明訳『Think Stats プログラマのための統計入門』オライリー・ジャパン

■大村平『改訂版　統計のはなし』日科技連

■デヴィッド・バージェス，モラグ・ボリー著／垣田高夫、大町比佐栄訳『微分方程式で数学モデルを作ろう』日本評論社

■小塩隆士『効率と公平を問う』日本評論社

■東京大学教養学部統計学教室編『統計学入門』東京大学出版会

■遠山曉，村田潔，岸眞理子著『新版　経営情報論』有斐閣

■Deborah Rumsey『Statistics Essentials For Dummies』Wiley Publishing

■Charles Wheelan『Naked Statistics』W.W.Norton&Company

山本誠志　Seiji Yamamoto
広島大学大学院理学研究科卒。株式会社アスキー入社後、月刊アスキー編集部などを経て、2006年、株式会社鏑家経済研究所を設立。2010年、株式会社メディエッグを設立し、取締役に就任。著書に『図解 確率がわかる本』『図解ドラッカーがわかる本』(学研)、『サムスンのことが3時間でわかる本』(明日香出版社)。関西テレビ「ジャルジャル×銀シャリ　ヤバイブル」制作協力・出演。

【図解】
# 統計がわかる本

2013年　5月 28日　第1刷発行

著　　者　山本誠志
発 行 人　松原史典
編 集 人　松下　清
デザイン　有限会社 青橙舎
編　　集　牧野嘉文
編集協力　かぶらやプロダクション、赤尾秀子
発 行 所　株式会社　学研教育出版
　　　　　〒141-8413 東京都品川区西五反田 2-11-8
発 売 元　株式会社　学研マーケティング
　　　　　〒141-8415 東京都品川区西五反田 2-11-8
印刷・製本　共同印刷株式会社

この本に関する各種のお問い合わせ先
【電話の場合】
◎編集内容については　☎ 03-6431-1617（編集部直通）
◎在庫、不良品（落丁、乱丁）については　☎ 03-6431-1201（販売部直通）
【文書の場合】
〒141-8418 東京都品川区西五反田2-11-8
学研お客様センター『図解 統計がわかる本』係
◎この本以外の学研商品に関するお問い合わせは下記まで。
☎ 03-6431-1002（学研お客様センター）

■学研の書籍・雑誌についての新刊情報・詳細情報は、下記をご覧ください。
学研出版サイト　http://hon.gakken.jp/